中外社区灾害应急管理丛书

中国政法大学危机管理研究中心

丛书主编　李程伟

U0958862

英国社区灾害应急管理

YINGGUO SHEQU ZAIHAI YINGJI GUANLI

方　然　编著

中国社会出版社

国家一级出版社　全国百佳图书出版单位

图书在版编目（CIP）数据

英国社区灾害应急管理 / 方然编著．—北京：中国社会出版社，2014.6
（中外社区灾害应急管理丛书）
ISBN 978-7-5087-4743-9

Ⅰ.①英… Ⅱ.①方… Ⅲ.①社区—灾害管理—英国 Ⅳ.①X4

中国版本图书馆 CIP 数据核字（2014）第 107469 号

丛 书 名： 中外社区灾害应急管理丛书
书　　名： 英国社区灾害应急管理
编　　著： 方　然
策划编辑： 王秀梅　杨春岩
责任编辑： 杨春岩
助理编辑： 朱文静

出版发行： 中国社会出版社　　邮政编码：100032
通联方法： 北京市西城区二龙路甲 33 号
编辑部：（010）66061704
邮购部：（010）66081078
销售部：（010）66080300　（010）66085300
传　真：（010）66051713　（010）66083600
（010）66080880　（010）66080880
网　　址： www.shcbs.com.cn
经　　销： 各地新华书店

印刷装订： 中国电影出版社印刷厂
开　　本： 170mm×240mm　1/16
印　　张： 17
字　　数： 280 千字
版　　次： 2014 年 7 月第 1 版
印　　次： 2014 年 7 月第 1 次印刷
定　　价： 25.00 元

总　序

李程伟

随着我国经济的不断发展和城市化进程的加快，广大城乡社区的面貌正在发生着深刻的变化。社区在社会建设和管理中的基础地位越来越重要，社区灾害与应急管理的变动性、复杂性和艰巨性越来越突出。鉴于我国社区建设起步较晚，广大城乡社区灾害应急管理的软硬件条件和基础相当薄弱，因此，尽快着手推进社区灾害应急管理能力建设，着力夯实全社会应急管理的基层基础，具有现实必要性和紧迫性。在这种情况下，中国政法大学危机管理研究中心与中国社会出版社密切合作，共同推出了这套中外社区灾害应急管理丛书。

应当说，人类生活的社区处于各类灾害直接冲击的前沿地带。加强社区灾害应急管理，增强社区抗击各类灾害的耐受力和可持续发展能力，历来为世界各个国家和地区所重视。其中，以美国、日本、欧洲和我国台湾地区为代表的社区灾害应急管理体系的建设，系统性强，机制有力，防救效能突出，典型案例较多，许多做法和经验值得我们学习和借鉴。这套丛书共计5本，分别对美国、英国、日本、台湾地区和中国大陆的社区灾害应急管理进行了介绍、分析和实证研究，内容涉及各自社区灾害应急管理的历史发展、制度体系、组织架构、运行机制、技术支撑、经验借鉴等内容，落脚点放在了对我国社区灾害应急管理的发展对策和参考借鉴方面。

从整体来看，这套丛书对社区灾害应急管理案例国家和地区的选择具有代表性，对其社区灾害应急管理内容的描述与分析比较系统完整，针对我国大陆所提出的对策建议具有一定的前瞻性和现实操作性。丛书对相关案例国家和地区之社区灾害应急管理自治章程、契约和社区防灾或风险文化的介绍分析，对包含政府部门、社区组织、企业、非政府组织、应急救援志愿者队伍、社区居民等在内的多元主体行动网络的实证研究，对社区风险管理流程和社区灾害应急管理参与机制及资源动员机制的描述和探讨，内容丰满，具体生动，给人留下了深刻的印象。

这套丛书是中国政法大学危机管理研究中心继 2009 年 8 卷本“公共危机管理研究丛书”之后，再次撰写的、在风险治理和应急管理领域具有一定新意的作品。它们立足于作者前期的相关研究，观点可靠，信息量大，可读性强，对于广大社区工作者、实务部门工作人员和相关领域的研究人员，具有重要的参考价值。这也再次说明，中国政法大学危机管理研究中心的研究人员面对转型期各类社会风险，是有学术担当的勇气和社会责任感的。这也是我们这个比较年轻和稚嫩的学术团队在风险治理与应急管理领域能够不断前进的宝贵动力。

愿这套丛书的出版能够对我国社区灾害管理与安全建设实践起到一定的推动作用！

目　录

第一章　英国社区恢复力的历史发展和概述

本章主要对英国社区灾害管理的历史发展阶段进行简单描述。重点对英国社区恢复力的现状作概括介绍。英国社区恢复力的定义，社区恢复力的意义，英国面临的主要自然灾害在本章都有论述。本章还翻译了英国《社区恢复力国家战略框架》(以下简称框架)。框架的意义在于对英国的社区恢复力的定义、价值、作用等进行了界定，提出社区恢复力的发展目标、原则，严格划分政府、应急机构、社区等社区恢复力主体的职责。

一、关于恢复力的概念

当我们在阅读有关英国应急管理的资料时，经常看到 Resilience 这个单词。英国讲灾害管理、应急管理通常用 Resilience。《英汉大词典》有三种释义，作为物理学专业名词，它是“回弹，弹（回）性，回能，弹能”的意思。例如橡胶的弹性，既有强度又有弹性的合金；在环境保护、生态平衡中的意思是“恢复力，顺变力（能经受住震撼的能力，尤其是一个生态系统遭摧毁后恢复正常的能力）”；比喻意是“（活力、精神的）恢复力，乐观的性格”。[①] 本书将 Resilience 译为恢复力，Community Resilience 译为社区恢复力。英国有名的政府顾问米歇尔· 皮特先生认为，恢复力是一个系统或者一个组织在遭遇逆境时抵御困难和恢复正常的能力。那么，恢复力强的组织是一个面对逆境仍然能通过综合措施实现其核心目标的组织。预防是恢复力的重要组成部分，同时有效应对以减少逆境造成的损失也是恢复力的基础因素。[②]

---

① 该书编委会编:《英汉大辞典》，北京：商务印书馆，2007 年版，第 1330 页。

② “战略框架和政策声明——提升重要基础设施遭遇自然灾害的恢复力”(Strategic Framework and Policy Statement: on Improving the Resilience of Critical Infrastructure to Disruption from Natural Hazards)，下载自英国内阁网站 https://www.gov.uk/government/publications/strategic-framework-and-policy-statement-on-improving-the-resilience-of-critical-infrastructure-to-disruption-from-natural-hazards。

由于英国内阁各部门关注的焦点不同，他们发布的文件对恢复力的界定略有变化。在一份名为“战略框架和政策声明——提升重要基础设施遭遇自然灾害的恢复力”的政策文件中，政府认为自然灾害恢复力是保护自然、预防自然灾害和为可能发生的自然灾害做准备。在实际工作中，提升重要基础设施的自然灾害恢复力需要向保护、预防、响应和恢复等阶段投入，并维持好建设投入和应急投入之间的平衡。因为他们认为社会日益网络化，应急管理各因素、社会各部分之间既独立又有依赖，必须有全面考虑。[①]有的时候恢复力的内容强调应急准备和应急预案，例如英国内阁2013年2月20日颁布的“突发事件的准备和预案：国家恢复能力项目”（Preparation and Planning for Emergencies: the National Resilience Capabilities Programme），是为了明确各方的应急准备职责提出的建议和指导文件。其中，恢复力强调的是突发事件之前的准备阶段，包括人事安排的准备、设备和物资供应的准备、有效和充分的培训和演练、清晰的预案等。[②]而有的时候，恢复力的内容包括从应急准备到恢复重建整个应急管理过程。例如社区应急管理叫作社区恢复力（Community Resilience），简单地讲是社区遭遇突发事件时自我救助和配合政府开展应急管理工作的能力[③]；再如，英国各地促进应急管理水平的地方合作机制叫作地方恢复力论坛（Local Resilience Forums）。

我国在翻译英国资料的时候，除了“恢复力”一种译法以外，有作者将其翻译为“复原力”[④]、“抗逆力”[⑤]、“抗逆性”[⑥]，还有“回弹力”或者“回复力”等译法。在中国知网中以“复原力”作为关键词进行检索，结果多是心理学研究，如大学生复原力与心理健康。用“回复力”检索，多是工科研究，如TiNiCu形状记忆

① “战略框架和政策声明——提升重要基础设施遭遇自然灾害的恢复力”（Strategic Framework and Policy Statement: on Improving the Resilience of Critical Infrastructure to Disruption from Natural Hazards），下载自英国内阁网站 https://www.gov.uk/government/publications/strategic-framework-and-policy-statement-on-improving-the-resilience-of-critical-infrastructure-to-disruption-from-natural-hazards。

② 下载自英国内阁网站 https://www.gov.uk/preparation-and-planning-for-emergencies-the-capabilities-programme。

③ 见英国内阁网站 http://www.cabinetoffice.gov.uk/content/community-resilience。

④ 赵成根主编：《国外大城市危机管理模式研究》，北京：北京大学出版社，2007年版，第244页。

⑤ 宋劲松：“英国应急管理中的业务连续性管理及启示”，载《学术交流》，2011年第4期，第90-93页。

⑥ 汤绪：“新型现代化视角下的群众工作”，载《学习时报》，2013年1月28日第005版。

合金的回复力。用“恢复力”检索，多是以系统为对象的研究，如城市给水系统灾害恢复力、基于恢复力定量测度的社会—生态系统适应性。2010 年出版的《英国应急管理：体系、方法与借鉴》一书对英国的应急管理进行了系统研究，全书使用“系统抗灾力”作为 Resilience 的中文译文。该书作者认为系统抗灾力是英国危机应对思维方式中的一个核心概念，是理解其精髓的关键。系统抗灾力包括事前防灾、风险管理、系统管理、协调合作、系统改进。[①]

将 Resilience 翻译成恢复力，简明易懂，有《英汉大词典》之源可寻，让读者朋友们借助词典就能很快将中文读物和英国原文资料的意思一一对应上。Resilience 的概念不是应急管理专业的专有概念，而是广泛地应用于各个专业。在工程领域，它通常被称为回弹性，指的是一个建筑结构，例如桥梁、建筑物等，在遭受变形后恢复原状的程度；在抢险救灾中，它表示一些关键系统在遭遇地震或洪水后恢复运转的速度；在生态学中，它意味着一个生态系统抵御永久性退化的能力；在心理学中，它指的是一个人有效应对精神创伤的能力；而在商业领域中，它通常指的是数据备份和资源储备；在经济活动中，它代表抵御经济危机和其他危机冲击的能力；在面临自然和人为灾难时，它指的是维持业务继续运转的能力。不管 Resilience 在不同语境中具体如何表述，所有这些定义都依赖于两项基本特质：在面对变化时的恢复力和延续性。[②]由此，不同专业里 Resilience 虽有不同的内涵和表现，但其本质一样，代表“系统、企业和个人在剧烈变动的环境中维持其核心功能和完整性的能力”[③]。应急管理是一项汇集多学科共同参与的事业，采用恢复力译法比较常见，使用多学科共通的译法有助于学科之间的交流与合作。恢复力的译法也基本符合信、达、雅的翻译标准。

二、历史发展和现状概述

英国的灾害管理、应急管理使用特殊的名词 Resilience，中文翻译为恢复，

① 李雪峰：《英国应急管理：体系、方法与借鉴》，北京：国家行政学院出版社，2010 年版，第 5、6、18、21 页。

② [美] 安德鲁·佐利，安·玛丽·希利著：《恢复力 面对突如其来的挫折，你该如何应对》，鞠玮婕译，北京：中信出版社，2013 年版，导言第 14-15 页。

③ 同上。

也有翻译为恢复力、复原力的。社区灾害管理叫作 Community Resilience，翻译为社区恢复，或者叫作社区恢复力。2008 年，英国政府建立了英国社区恢复项目，目的是探寻在面对可能的突发事件时如何支持社区应对并恢复重建的方法[①]。

英国的社区和我国对社区的理解不一样。我国的社区一般指一个居民小区，例如一个居委会或者村委会责任范围内、一个物业管理范围内。在英国的应急管理中，经常把市 / 镇（town）和教区（parish）的应急管理叫作社区应急管理，在他们编写的应急文件文本中会明确标出该文件适用于市镇还是教区，或其他类型的社区。

英国的资料对突发事件 / 重大事故的界定是，在有预警或者没有预警的情况下发生的事件，导致伤亡、威胁生命，造成社区毁坏、财产损失、环境破坏，其影响后果无法通过应急管理部门、地方政府和其他组织的日常工作处理[②]。

英国的社区恢复力界定为，社区使用地区资源和知识在突发事件中采取社区自我救助，是地方政府应急管理的补充。政府给居民提出了三个问题，通过这三个问题有助于居民了解自己的社区是否具备社区自救的准备[③]。

- 您意识到您和您居住的社区可能面临的危险吗？例如，洪涝灾害
- 遇到突发事件，您如何帮助自己和您周围的人
- 为了参与到社区的应急规划当中，您能做些什么呢

英国政府鼓励居民参与社区恢复并将居民掌握的知识和技能贡献给社区恢复，社区居民的共同参与能让社区在突发事件之中和之后更好地应对危机。政府鼓励居民学习应急的基本知识，诸如了解在突发事件中什么是群体最需要的。居民了解在严重的洪涝、夏季酷热高温、冬季暴雪等自然灾害中有可能遇到的危险并准备应对计划，能有助于减少灾害带给居民、家庭和社区的潜在影响。如果居民能够掌握这些知识，当有突发事件发生时会有不一样的结果。《国内紧急状态法》（Civil Contingencies Act）要求地方政府发布当地所有或者大部分风险评估。政府发布的当地风险评估也可以作为居民自我风险评估的参考。

① 英国政府官方网站 https://www.gov.uk/resilience-in-society-infrastructure-communities-and-businesses。

② "社区应急预案"，下载自格洛斯特郡农村社区咨询所网站 http://www.grcc.org.uk/emergency-planning/community-emergency-planning-toolkit。

③ 英国政府官方网站 https://www.gov.uk/resilience-in-society-infrastructure-communities-and-businesses。

应急准备和应对能力经常有助于更快地进行灾后恢复，这体现出社区恢复能力的水平，很多社区已经在进行应急管理的建设了[①]。社区应急管理的意义可以归纳为[②]：

- 使社区意识到突发事件之前的准备工作，能降低突发事件升级的可能性
- 协调社区内的可用资源，例如有关当地建筑物的情况和设施的操作技能，减小突发事件对居民的影响
- 当法定机构（statutory authorities）和应急部门（emergency services）不能立即响应时，社区能更好地自行应对突发事件
- 在社区和法定机构之间进行联络和沟通
- 配合法定机构和应急部门，使应急工作更有效率
- 社区内的弱势居民保证得到必需的帮助
- 通知社区居民，让他们知道能做什么和如何应对，特别是在突发事件刚发生的几个小时内

三、《社区恢复力国家战略框架》[③] 全文翻译

《社区恢复力国家战略框架》（以下简称《框架》）是中央政府对社区恢复力的建设和发展提出的一份指导文件。文件中规定了政府、应急机构、社区等主体在社区恢复力工作中的职责。社区恢复力的发展目标、发展原则等一系列内容。

1. 行动纲要

《框架》探索个人、社区在突发事件之前、之中和之后的角色和恢复力。地方应急响应永远将面临人身危险的突发事件作为最高优先级尽其所能响应。但是地方应急机构采取响应需要时间。在外援到来之前，受到突发事件影响但是没有即刻危

---

① 英国政府官方网站 https://www.gov.uk/resilience-in-society-infrastructure-communities-and-businesses。

② “社区应急预案”，下载自格洛斯特郡农村社区咨询所网站 http://www.grcc.org.uk/emergency-planning/community-emergency-planning-toolkit。

③ 英国内阁网站 https://www.gov.uk/resilience-in-society-infrastructure-communities-and-businesses。

险的个人和社区有一段时间需要照顾自己和他人，直到外援到来。社区的人们更需要在一起合作，需要与应急响应机构合作，决定他们如何从突发事件中恢复。因此，《框架》要求个人和社区为突发事件做好准备，并提供如何做准备的案例。

《框架》的目的是为个人和社区恢复力如何开展行动提供国家说明。《框架》应该兼顾所有风险和威胁，兼顾到所有社区。《框架》内容包括社区应急的驱动力、最新的咨询信息、对提出的政策做说明、适用范围、目标和时间进程表。说明从事社区恢复力工作的益处，列出政府在这项工作中做出的努力。《框架》制定工作是政府实施的"大社会"项目中的一部分。政府希望通过《框架》减少妨碍人们能自我帮助的屏障，增强面对突发事件的恢复力。

《框架》的目的是激发中央政府各部门和机构、权力下放的执行机构、应急响应机构、地方政府、志愿组织、私人部门、议员、社区和信仰组织等之间对社区恢复力的讨论，使得各主体对社区恢复力的沟通更容易。所有这些主体在支持社区恢复力建设工作中都担负着一部分职责。

该项目的建立说明政府承诺增进我们国家的安全的决心，包括在地方层面寻找对增强恢复力感兴趣的社会成员所建设的现有设施和能力，继续推动其发展。该项目开始于2010年发布的《国家安全战略、战略防御和安全审查》(National Security Strategy and Strategic Defence and Security Review)。

《框架》根据2010年3月和7月之间公共咨询的结果进行修改。政府对咨询的反馈登在以下网站https://www.gov.uk/resilience-in-society-infrastructure-communities-and-businesses。

1.1　定义

在《框架》全文中，恢复力定义为：

个人、社区或者系统的适应能力，使其功能、结构和特性能够维持在可接受的水平上。

社区恢复力的工作定义是：

社区和个体利用地方资源和专门技术在突发事件中自我救助，作为应急机构响应的补充。

这些定义将用于文件全文和相关联的文件。

1.2　框架

- 提供一系列指导原则，指导个人、社区和从业者从事社区恢复力工作

- 对项目希望得到的成果做出解释，说明成功的结果应该是什么样子
- 促进合作者们之间交流社区恢复力的成功实践经验，寻找未来好的发展方向
- 明确公共和私人部门中各个主体在社区恢复力中担任的角色和职责
- 为未来进一步发展寻找支持和理念

1.3　社区恢复力项目的目的

- 增强个人、家庭和社区面对所有威胁和风险的恢复力
- 支持并使现有的社区恢复力得以实现，发展社区恢复力的成功案例，并在其他地区推广社区恢复力的成功案例
- 消除地方层面上社区恢复力参与的限制或阻碍
- 支持社区和从业者之间进行有效交流，支持他们的工作
- 提高风险意识，加深对风险的理解，增强地方应急响应能力，从而激发和维护自我恢复力
- 提供资源，让社区和个人与更广泛的社区应急准备的利益关联起来
- 提供可以共享的框架，以便支持所有层面的跨部门活动，通过这种方式使得社区恢复力有充分的灵活性，从而保证社区恢复力在每个地方或社区能相互关联和可行

《框架》启动了政府致力于在全英国建立和促进社区恢复力项目的活动。《框架》和相关项目的目的在于作为指导原则，鼓励和使人们逐步地对突发事件有所准备成为可能，并且鼓励他们的社区同样有能力对突发事件有所准备。《框架》不要求，也不强迫任何人在个人层面或为了社区做应急准备，但是《框架》确切地提出了应急准备带来的好处。

1.4　政府相信通过框架的途径，能够实现

- 在各层面促进理念的交流
- 提供展示社区恢复力优势的平台，从而获得支撑和参与
- 启动《框架》不会否定或者扰乱现有的社区恢复力，《框架》的目的是提出未来的发展方向，而不是对个人、社区和地方应急响应者的指令

1.5　《框架》制定的程序

项目的第一阶段是向那些已经在地方层面从事该工作的人们进行咨询。他们给政府提供了综合的和有价值的建议和指导。

项目的第二阶段是利用他们的反馈制定本《框架》以及关联的指导和模板。

项目的第三阶段，从 2011 年春天开始，向那些政府之前咨询过的社区恢复力实务工作者传达更进一步的计划和项目的阶段成果，他们也向政府提出正式要求，要求掌握项目的进展和进一步计划。进一步计划和项目的阶段成果例如制定保险和责任制度的情况简报，制定若干措施激发和激励更多社会力量参与社区恢复力（目前还有很多社会力量没有被社区应急预案考虑在内）。第三阶段还包括通过社区可利用资源和机会支持和培育没有着手社区恢复力的社区启动社区恢复力建设。

1.6 反馈建议

我们继续改善和增补框架，欢迎关注《框架》的发展和项目的其他方面的进展。欢迎将建议发送电子邮件到 community.resilience@cabinet-office.x.gsi.gov.uk。

社区恢复力的其他信息

“应急准备——给社区的指导”（Preparing for Emergencies – Guide for Communities）文件向您介绍应对突发事件做更好的准备需要从何着手，需要哪些步骤。该文件使用若干案例说明社区恢复力建设的成功社区所具备的优势。如果您是社区恢复力的新手，您会发现该文件对您很有用，并且将激发您的兴趣希望从事更深入的工作。

“社区应急预案软件包”（Community Emergency Plan Toolkit）归纳了如何在社区开始建立恢复力的大量实用建议。软件包包括一份推荐的一般性应急预案模板可以用于您的社区。软件包说明了建立社区应急预案的实际步骤。如果您想要看到建立社区应急预案的实际工作案例，软件包对您非常有用。

政府开设的“为突发事件做准备”网页目的是为个人、家庭、社区和企业找到更多关于他们如何为突发事件做准备的信息。开设网页的目的是回答关于个人、社区恢复力的问题，增强风险意识。网页上还有增强家庭突发事件准备的简易步骤。如果您希望找到更多关于突发事件准备的一般信息，网页对您很有帮助。

以上三个文件均提供了链接，网址是

https://www.gov.uk/resilience-in-society-infrastructure-communities-and-businesses。

2. 介绍

在很多社区，社区恢复力是他们工作的一部分内容。社区恢复力在不断变化和发展。人们在突发事件当中显示出对社区恢复力非常迫切的良好愿望和主动精神，开始逐步地以个人和集体的形式对实际可能发生的突发事件做自我准备。他们应用现有的社区人际网络和组织结构，或者建立地方上的社区应急小组，在应急工作中与地方应急机构合作。在很多地方，人们承担起他们自己的恢复力和灾后重建的责任，向地方决策者提出要求，保证面临突发事件时做好准备并得到足够供给，并且为如何恢复重建和应该如何改善等事项做出决定。

2010 年 3 月至 7 月间，根据公众意见咨询的结果对《框架》做了修改。政府对公众咨询的反馈发布在 https://www.gov.uk/resilience-in-society-infrastructure-communities-and-businesses。

2.1　目标

《框架》是一项长期项目，内容涵盖社区恢复力的启动机制、正在运行中的成功实务、社区恢复力的范围、目标、工作程序，增强英国民众的个人和社区恢复力。《框架》的目标是提出国家对社会恢复力建设的总体框架，从而使得个人和社区面对突发事件及其后果时更有准备，恢复力更强。《框架》根据全国的公众意见征询而制定，由内阁的国民紧急事务秘书处负责。

中央政府对社区恢复力的职责不是衡量现有恢复力的好坏或者指示地方应该做什么。中央政府的职责是支持地方活动并使其可行，让有兴趣的实务工作者能学习成功案例，对社区采取地方行动有妨碍的，中央政府负责消除阻碍，揭示真相。

2.2　背景

《国家风险评估册》（National Risk Register）说明全国面临的各类风险，以及这些风险一旦发生所带来的潜在后果。一些潜藏的风险能引起严重后果，英国政府正在为主要海岸洪灾、流行性感冒、交通系统遭袭击进行应急准备。

我们每天的生活依赖于复杂的和互相关联的基础设施。食品供应链遍布全球，人类和动物的迁移为疾病快速传播创造了机会。交通网络让我们能便捷和自由地旅行。我们每天的生活依赖于这些系统能有效运转。突发事件对我们赖以生活的基础设施产生的影响足以说明突发事件的后果的严重性。例如，2009

年发生的坎布里亚（Cumbrian）洪灾，相当数量的桥梁和其他基础设施被毁，其中一些设施花费几年时间才能重建起来。

2007 年夏天，迈克尔·皮特（Michael Pitt）在他的洪灾报告中强调社区恢复力的重要意义，向中央政府建议："……应该建立一个项目，支持和鼓励个人和社区在突发事件中更好地准备和有更强的自我恢复力，从而使政府能够关注最亟待需要救援的地区和人们。"

中央政府接受了皮特的建议，要求国民紧急事务秘书处研究中央政府应该承担的职责。

《框架》中提出的项目第一步是鼓励人们应用公共风险的知识，认真考虑他们自己的脆弱之处，考虑他们所依赖的基础设施，并应用这些信息；第二步是人们需要考虑他们面临的风险是什么，他们是否有必要采取步骤为他们自己应对突发事件的潜在后果做好准备。

《框架》的目的是激发兴趣，促进政府各部门和机构、执行机构、应急机构、地方政府、相关的志愿组织、私人部门的组织、地方议员、社区和信仰团体共同讨论。所有这些主体在支撑社区恢复力建设中都担负着职责。

项目的设立说明中央政府承诺增进我们的国家安全，包括在地方上找到那些热衷于社区恢复力的个人和组织已经建立的现有社区恢复结构和能力，从而继续促进它们的发展，增强地方层面的恢复力。

2.3 结构

《框架》的制定对象是政府各部门和机构、地方的应急机构、志愿组织、研究者和学者、信仰团体和社会上其他感兴趣的主体。目的是让人们重视社区恢复力的重要性，为实务提供指导原则。

2.4 《框架》的内容

- 提供一系列指导原则，指导个人、社区和从业者从事社区恢复力工作
- 对项目希望得到的成果做出解释，说明成功的结果应该是什么样子
- 促进合作者交流成功的社区恢复力实践经验，寻找未来好的发展方向
- 明确国家在社会恢复力上的发展方向，明确国家提出的计划和如何与地方行为连接起来
- 明确公共和私人部门中各个主体在社区恢复力中担任的角色和职责
- 为未来进一步发展寻找支持和理念

3. 定义

本章讲解项目和《框架》中使用的定义。

3.1　突发事件

《国内紧急状态法（2004）》附带的非法律性质的指导手册里为突发事件界定了一个定义，这个定义已经用于指导应急响应者制订应急预案。

突发事件是：事件或者状态造成的严重损失威胁人类福利、环境、国家安全、地方安全。

但是，社区和个人需要自行判断他们面临的突发事件有哪些，采取哪些行动能让他们有更好的准备。例如，察觉房子着火或者应对突发疾病。

3.2　恢复力

音像版的出版物《国家恢复力》（Resilient Nation）定义恢复力是：个人、社区或者系统的适应能力，以维持其功能、结构和特性在可接受的水平。

迈克尔·皮特在回顾2007年英格兰和威尔士洪灾报告中将恢复力定义为：系统或组织抵抗逆境和从逆境中重建的能力。

根据《框架》的目的，我们采用第一种定义，但是我们尝试实现的理念在两个定义中兼具。

恢复力也是其他类型社区活动的重要组成部分，例如“城镇转型运动”和“绿化运动”，在这些运动中恢复力将是社区为适应气候变化设定的更长远目标。公众意见显示，通过社区恢复力建立起来的社会资本给社区带来了更广泛的好处。类似的社会资本给社区带来的好处最好地说明了社区在突发事件之中和之后进行应对的办法。

3.3　个人或个体恢复力

个体的恢复力不是恒定不变的状态。脆弱性和恢复力根据条件不同而有所变化，例如位置地点、健康状态、经济稳定性和知识。

个体的恢复力是对面临的风险和风险可能带来的后果的了解程度。经验证明，即使个体掌握对风险的理解，他们仍需要能够评估风险发生率和风险脆弱性，并以此作为行动和准备的动机。

3.4　社区恢复力

全文中使用的社区恢复力的定义是：

社区和个体利用地方资源和专门技术在突发事件中自我救助，作为应急机构响应的补充。

一般来说，社区群落是由共同纽带联系起来的多个人群。《框架》中社区和社区群落的定义已经在国民紧急事务秘书处组织的公众咨询中向社会发布过。定义的选择考虑到那些已经或者能够从事社区恢复力活动的人群和组织。《框架》采用四个定义来界定什么是社区，而不是只用一个定义。

3.5 地理社区

这种类型的社区通过地理界限进行识别，例如教区、选区或者城镇，或者是出于临近的原因，例如一条街、一座高层建筑或者一个村。地理社区容易受到同一类自然灾害的侵害，例如洪水，而且（不一定）有一个共同的地方政府，例如教区或选区。

地理上相邻的几个社区是首选的社区恢复力建设合作者，也是主要的受惠者。但是很多人没有意识到临近社区的重要性。上面所列出的几种类型的临近社区应该被考虑作为应急准备的正式合作者。

3.6 共同利益或兴趣团体

共同利益或兴趣团体是有共同的兴趣、利益或工作的组织，例如运动俱乐部、家长协会、信仰组织、互联网虚拟社区和商会、行业协会。团体中的成员通常自愿地在一起实现共同的目标，但是可能出于不同动机。

3.7 境遇团体（Communities of Circumstance）

这种类型的团体形成于受同一事件影响的人群，例如火车交通事故。团体中的个体不太可能有共同的兴趣，也不是来自共同的地理社区，但是因为事件的后果而联系在一起形成一个团体。虽然这种类型的团体一般是暂时的，但是也有一些境遇团体在突发事件以后形成、发展，并且长期维持。

3.8 支持者团体（Communities of Supporters）

支持者团体指的是多个组织组成的团体，包括正式的组织和志愿者组织。提供应急响应服务，包括应急预案和应急响应，例如警察局、消防局、地方政府应急专员、圣约翰救护、救世军志愿协会（Salvation Army volunteers）、特种警察、洪水监控员。

提供这些服务的人们可能也是地理社区里的人。这些人一般居住和工作在同一个地区，因此受到相同的影响，就像地理社区上的人们将受到相同影响一样，但是支持者团体的人必须投入严格正规的应急响应行动。

4. 社区恢复力项目

4.1　社区恢复力项目的目标是：

- 增强个人、家庭和社区面对所有威胁和风险的恢复力
- 支持并使现有的社区恢复力可行，发展成功的社区恢复力案例，并在其他地区推广成功的社区恢复力案例
- 消除地方层面上社区恢复力参与的限制或阻碍
- 支持社区和从业者之间进行有效交流，支持他们的工作
- 提高风险意识，加深对风险的理解，增强地方应急响应能力，从而激发和维护自我恢复力
- 提供资源，让社区和个人，与更广泛的社区应急准备的利益关联起来
- 提供可以共享的框架，支持所有层面的跨部门活动，通过这种方式使得社区恢复力有充分的灵活性，从而保证社区恢复力在每个地方或社区能相互关联和可行

4.2　范围

项目将来的成果将面向所有人，但是项目设定实施范围在英格兰和威尔士，开展英国政府致力于社区恢复力的计划。社区恢复力项目在威尔士的执行还需要考虑有关权力下放的事宜。关于权力下放给执行机构的详细信息见网站 http://wales resilience.gov.uk/ 和 http://www.readyscotland.org/。

很多社区、应急响应机构和志愿组织已经对建设和支持社区恢复力有了很好的安排。中央政府在建设社区恢复力中的职责不是规定或者推翻社区恢复力应该在地方层面是什么样子，而是从成功的案例中分享实务经验。

因此，项目将以合作的形式与这些组织、政府部门和更广泛的社区网络一起共同发展，对已经在建设中的社区恢复力加深理解，学习成功案例。项目将召集这些组织代表，用他们的专业技能和经验对项目的计划进行指导和改善。

项目还包括增进公众对风险的理解，增强应急响应者的服务意识，在突发事件之前、之中和之后如何向地方社区提供服务。交流和管理全国风险是中央政府的职责，职责包括发布关于风险的信息，如何通过政府职能管理风险，例如发布《国家风险评估册》(National Risk Register)。《框架》认为《国家风险

评估册》同样需要应用于地方层级的风险交流，考虑通过编制社区风险评估册向公众发布的方法增进对风险的理解和认识，作为履行政府与社会沟通的职责当中的一部分。更具体的信息参见内阁发布的《应急准备和地方风险评估指南》（Emergency Preparedness and Local Risk Assessment Guidance）。

在公众咨询的结果中我们发现公众强调这样一种态度，无论遇到什么突发事件、什么结果，人们希望立即得到支持和援助。在应急响应中，应急机构必须永远优先最需要的地方，生命受到威胁的地方是最重要的。提高公众的风险意识和对公众的宣传教育密不可分。教育公众能得到什么应急服务，公众如何配合他们得到的应急服务以及如何配合灾后恢复重建。

4.3 原则和途径

项目遵循以下原则：

- 社区恢复力工作应该为社区面临的所有风险和威胁做准备，根据社区的研究进行恰当的优先级排序
- 参与应基于自愿的原则
- 社区恢复力工作基于合作精神，社区成员以互相支持的形式展开应急活动，保持与应急机构合作
- 政府的职责是支持、授权和促进；社区应急的权利应该永远保留在社区和从事社区恢复力的社区工作人员
- 应急机构没有职责促进或支持社区活动。如果社区有请求，应急机构可以尝试或者提供支持
- 应急机构，如地方服务机构，向社区提供支持和鼓励时应该尝试帮助社区关注于社区可能面临的最大、关系最紧密的风险
- 社区恢复力活动应该融入现有的公民参与，可以维持公民参与的兴趣和动力，也可以有效利用当地知识和人际、组织网络
- 社区成员不能将自己或者他人在突发事件中置于危险境地
- 应急机构和政府应该考虑如何让当地居民随时获得他们需要了解的信息，而不只是在我们想要传达给他们的时候

4.4 恢复力强的社区具有的特征

这部分阐述我们相信可以在恢复力强的社区所能看到的若干重要特征。恢复力强的社区可能不具备所有，甚至其中很多特征，但是这些社区特征是我们

在那些至今一直从事社区恢复力建设的社区中所看到的特征，我们在参与他们的社区恢复力建设过程中归纳了这些特征。

- 在恢复力强的社区里，人们应用现有的技能、知识和资源为突发事件的后果和重大事故做准备和响应
- 将他们的日常技能应用于特殊环境中
- 在恢复力强的社区里，人们具有风险意识，了解风险可能会影响他们。他们知道全国层面的风险和地方层面的风险之间的关系，以及风险如何使他们变得脆弱。因此，有助于他们采取行动为突发事件的后果做准备
- 恢复力强的社区有一位或多位积极分子，他们将社区恢复力的利益与更大范围的社区联系起来。社区恢复力积极分子应用他们的技能和热情激发和鼓励其他人参与进来，并且维持人们对社区恢复力的参与。社区恢复力积极分子被社区所信任
- 恢复力强的社区在突发事件之前、之中和之后与应急服务机构保持合作，包括地方政府以及其他有关的机构。合作关系保证社区恢复力活动对应急机构提供补充，保证社区恢复力活动能安全地开展
- 恢复力强的社区由恢复力强的个人组成，个人按部就班地将他们的家庭和房子具备恢复力。恢复力强的个人了解他们具备的知识、技能和资源，并且知道在突发事件中如何将这些有效发挥
- 在恢复力强的社区里，成员积极地影响社区公共事务和决策。他们对所处的环境感兴趣，为了社区的利益而做出努力，保护他们的财产和设施

4.5　社区恢复力项目的阶段和时间表

社区恢复力项目是长期项目，在全国引导文化和行为的改变。项目分为 4 个阶段：

阶段 1：向已经从事社区恢复力活动和被肯定的成功实践进行学习（2008.11—2010.3）。

阶段 2：制订主要的指导文件并征询意见，向地方的专家验证有关内容和方法（2010.3—2011.4）。

阶段 3：各地方应用指导文件，面向还没有参与社区应急准备的社区组织、团体、人际网络，支持和寻找地方力量建设社区恢复力，提供社区机会和资源使得恢复力和应急准备活动得以实施（2011.3 以后）。

阶段4：评估政府在社区恢复力方面还需要做什么，巩固已经完成的工作，为后续项目继续提供支持（2011年以后）。

4.6 项目

内阁的国民紧急事务秘书处将继续负责社区恢复力项目，与其他政府部门、权力下放的其他部门和社会组织共同合作。

内阁的国民紧急事务秘书处继续支持第三部分的项目，例如“通过学校发展社区恢复力”项目，在本文件的“6.2 支持现有项目”中有简单介绍。支持的实质将依赖于项目执行者的需要和可以获得的资源，包括：

- 帮助建立其他有关项目的联系
- 向其他合作者、政府部长、其他国家的同行和媒体提供项目信息
- 整理和分享成功的案例
- 向其他的工作者提供建议和专业咨询
- 应用地方情况指导国家政策
- 将社区组织联系起来，使得他们在具体问题上能互相提供帮助
- 提供指导，如何将项目和国家政策最好地联系在一起

4.7 成果评定

个人和社区在社区恢复力计划方面的成绩很难测量。突发事件带来悲剧性的后果，失去爱的人、住处和财产是其中一些方面的影响。这些事故产生的心理和身体的压力在短期或者长期不能被低估。受到影响的每一个人需要用他们自己的方式以他们能适应的时间从突发事件中恢复过来。

突发事件之后的早期响应需要保护生命。同时，在突发事件中向社区提供支持的应急响应者需要关注给那些有潜在影响的人们提供精神的和实际的帮助。

成功的社区恢复力应该由有经历的社区做出肯定。政府不适合评定地方层面什么是成功的标准。应该由从事社区恢复力建设和已见成效的社区决定成功的社区恢复力的标准。社区实施的应急准备是否有实效，评价的标准有以下建议：

- 社区是否非常清楚面临的风险和面对风险时的脆弱性
- 如果风险变成现实，社区对自己的处理和适应能力是否有信心
- 社区是否与负责提供专业响应的应急机构、志愿服务团体有合作交流

社区恢复力的实际测试是社区如何在突发事件中处理，特别是引起严重后

果的突发事件，如何响应和从突发事件中恢复。突发事件经常导致财产和基础设施毁坏，甚至失去生命。从突发事件中恢复可能需要很长时间以及经历痛苦。突发事件带来的感情影响将影响社区对他们自己的灾后恢复的认知和他们得到的帮助。因此，任何对成果的有效测评都需要考虑突发事件对人们感情的影响，以及心理恢复在成功的响应和恢复中的重要意义。

4.8　基金和资源的规定

没有专门基金用于社区恢复力项目，但是有其他基金可以资助社区恢复力建设，可以在“应急准备—社区向导”（Preparing for Emergencies-Guide for Communities）文件中找到。从我们一直进行的咨询结果显示，社区不需要投入大量资金才能做好应急准备。有些咨询过的农村社区仅花费 200 英镑添置设备，准备了社区应急箱。

在咨询中，给社区成员很长时间考虑在应急准备中什么是他们最需要的。社区成员认为他们需要从政府和应急机构那里获得信息和支持，不一定是大量投资或者资金。另外，社区要求获得风险信息并且能传达到每一个人，包括不上网的人。花一些钱在印制纸质资料上面非常有用。为了给社会恢复力寻找资助机会，可以与公民社会办公室（Office for Civil Society）合作，在“大社会”基金里设立一项对社区恢复力的资助。

4.9　吸引政府和地方应急机构关注社区恢复力工作

很多地方，地方应急机构已经在积极地从事对社区恢复力建设的支持。支持的方式和衡量成效的方法在地方之间有差异。《框架》为政府和地方应急机构提出了若干帮助社区更具有恢复力的参考方式，也对政府和应急机构为社区提供帮助的好处进行了说明。从现有的成功实践中便可以看到为社区提供帮助的方式和带来的好处。

支持社区的指南和《国内紧急状态法》（“应急准备、响应和恢复”文件，Emergency Preparedness and Emergency Response and Recovery）鼓励那些从事一线应急服务的机构在向社区发展和提供服务时多考虑社区的需要并让社会成员参与。《框架》的目标是鼓励地方应急机构将他们的工作（例如编制《社区风险评估册》）更有效地和社区工作联系起来，更详细地向社区传递地方应急机构的工作从而增强地方恢复力，使社区参与应急预案和演练。

框架建议支持地方层面社区恢复力活动考虑可能的激励机制来鼓励和维持

社区对恢复力计划和准备的兴趣。激励机制可以考虑给社区应急协调人和组织安排活动，提供嘉奖。嘉奖方式可以是地方长官的答谢，也可以是更正式的嘉奖，例如通过荣誉制度。

更详细的信息关于政府和地方应急机构如何支持社区恢复力，包括成功案例，在项目的第三阶段时发布在“社区恢复力支持者方法”（Supporters Toolkit）中。

4.10 支持社区成员

在制定《框架》之前进行的公众咨询询问了现有的激励和奖励，发现有创新的、简单、低成本的方式，例如社区管理者或者政府长官寄发一封感谢信是非常实用有效的方法。参与者对社区恢复力工作做出肯定被认为是在建设社区恢复力中很好的奖励。

在咨询过程中，也考虑了采取某种形式的委托是否有好处，但是被认为在地方活动中有官僚主义和制约，对项目有害。这种方式也有悖于原则，社区恢复力的权力属于社区，而不能被政府控制或者驱使。

4.11 鼓励商业从事社区恢复力工作

国内紧急状态秘书处正在编制商业参与恢复力战略，于 2011 年发布在英国恢复力网站上。该战略显示出政府对商业从事恢复力建设的战略目标，建立突发事件的商业恢复力服务。同时，国内紧急状态秘书处也将考虑如何鼓励商业公司支持社区恢复力。包括：

- 突发事件中，商业公司能为他们的员工和当地社区提供什么支持
- 鼓励当地的商业公司参与地方社区应急预案
- 鼓励销售商寻找商业机会，从而增强社区恢复力

在公众咨询阶段，商业的代表为私人公司支持社区恢复力提出了大量试验性的、前瞻性的想法。国内紧急状态秘书处将为这些组织提供帮助，寻找合适的社区进行合作。

4.12 限定

项目发布的所有指导文件和相关文件都反复强调社区成员必须保证安全行动，当响应突发事件时不能将自己或他人置于危险之中。社区进行的所有工作应该是安全的和恰当的。政府不希望在突发事件中公众遇到不必要的风险。

5. 职责—联系和依赖关系

有效的社区恢复力将依赖于社区之间良好的合作，社区和专业工作者、志愿者之间良好的合作，从事社区恢复力的组织和机构之间良好的合作。因此，所有主体清楚自己的职责和他们之间的相互关系非常重要。列出职责和关系如下。

5.1　社区

鼓励社区成员发展他们个人、家庭和社区的恢复力。成功的关键是使公众可以获得地方层面和国家层面风险的准确信息，如何估计风险发生的概率和任何潜在影响的具体详细信息。个人、家庭和社区的指导在内阁的社区恢复力网站上可以找到。网址是 https://www.gov.uk/resilience-in-society-infrastructure-communities-and-businesses。

5.2　议员和选举出的代表

议员和选举出的代表由地方社区选举出来代表他们的利益。议员和选举出的代表能在突发事件之前、之中和之后与选民沟通发挥重要作用，他们应该考虑在促进和鼓励当地社区恢复力建设中能发挥什么作用。全国很多地方涌现出议员和选举出的代表从事社区恢复力工作的成功典范。公众咨询的结果显示公众高度重视有助于他们的有效的地方指导文件，支持他们从事社区恢复力工作。个别地方指导文件能帮助制定全国的一般的指导文件用于各个地方。

5.3　第一类应急响应机构

第一类应急响应机构[①]仍然依照《国内紧急状态法》被赋予警报和向公众发布信息的职责。他们可能希望考虑将社区成员吸收进风险评估的工作中，寻找建立社区恢复力的途径。如果条件允许，将写入修订的应急准备当中。

通常情况下，第一类应急响应机构开展演习，测试他们的应急预案，训练应急人员如何使用应急预案。希望第一类应急响应机构能考虑如何在现有的成功实践基础上通过让社区参与训练和演习，从而增进社区恢复力。

5.4　志愿和信仰组织

志愿和信仰组织与社区之间已经建立了牢固的联系和网络。一些志愿组织

---

① 《国内紧急状态法》规定为第一类应急响应机构的人或者机构一般处于应急响应核心地位。包括警察、消防、急救、地方政府和英国环境中心。

已经紧密地参与到应急准备活动中，例如英国红十字协会、圣约翰救护、救世军志愿协会、皇家女子志愿服务团。

框架希望志愿组织不是将应急响应作为主要目标，而是对参与项目中的恢复力专题产生兴趣，例如邻里安全组织、搜救队，发展维持生命、社区参与的技能。

框架也希望信仰组织考虑他们在支持社区恢复力当中能担负什么作用。例如利用现有的志愿者网络或者提供设备支援等。

5.5 内阁

内阁的国内紧急状态秘书处负责发布社区恢复力项目，包括发展国家关于社区和个人恢复力框架。负责发布文件，通知公众关于国家风险和如何为风险做准备，例如通过《国家风险登记册》。国内紧急状态秘书处在分享全国成功案例的工作中担负重要职责。

内阁办公室向负责恢复力的内阁委员会报告项目工作进展，为负责监督项目进展的社区恢复力项目指导组提供行政工作。具体信息见内阁网站 https://www.gov.uk/resilience-in-society-infrastructure-communities-and-businesses。

为了促进工作完成，内阁办公室已经考虑需要为《国内紧急状态法》、法规和指导文件（例如应急准备）做正式修改。这项职责作为《国内紧急状态法》的一部分。反馈显示出新的立法要求更好地理解如何支持社区恢复力，这将更有意义。新立法包括完善《社区风险登记册》。这些观点考虑在重新起草的应急准备相关章节中有所体现，并且体现在社区恢复力项目里对条款的建议中。

5.6 政府部门

所有政府部门都要遵从内阁公民社会办公室引领的“大社会”理念的承诺和原则。在工作程序和项目中包括的任何部门参加国内紧急状态秘书处的工作，通过社区恢复力项目指导组，提供建议和项目成果的评价，从而确保现有公民参与的积极性得以持续。

5.7 授权执行机构

框架适用于英格兰和威尔士，但是英国其他地区可以获得框架的文件。大量工作在威尔士和苏格兰正在进行，促进政府从事社区恢复力工作。在学习本文件的基础上，威尔士和苏格兰的同仁发展出了当地支持社区恢复力和表彰现有成功案例的途径。

6. 进程表

6.1　咨询过程、研讨会

国内紧急状态秘书处安排了三场全国的研讨会，从 2008 年 11 月—2009 年 2 月，向感兴趣的人们和机构代表对于有关社区恢复力和政府职责进行了咨询。研讨会在伦敦、伯明翰和曼彻斯特举行，超过 200 个组织、300 名代表参与研讨会。研讨会邀请了所有对个人、社区恢复力感兴趣的地方应急机构、志愿组织、工商业、政府和社区的代表。

研讨会上有很多汇报，讲述他们的社区组织社区恢复力活动的经验，以及实践者讲述如何支持社区成员。研讨会安排了一系列讨论，收集信息和经验，界定术语，了解人们希望政府应该做哪方面努力。关于研讨会的结果可以在内阁网站找到 https://www.gov.uk/resilience-in-society-infrastructure-communities-and-businesses。

研讨会还有一些在全国的补充活动，一系列后续的参观和合作者的会议，使得小组可以验证从研讨会上得到的信息，可以实地观察社区恢复力活动。包括参加教区议会的会议，参观社区活动中心、社区安全学习中心、地方社区恢复力活动、提供医疗的社区中心、私人园地、搜寻队总部（Scouts’HQ）。我们非常感谢所有花时间与我们分享知识的人们。

6.2　支持现有项目

国内紧急状态秘书处已经为现有的社区恢复力项目提供支持，例如由艾塞克斯郡和诺丁汉郡议会以及国内其他合作者共同开展的“通过学校增强社区恢复力”项目。在这个项目中，国内紧急状态秘书处同时身兼项目工作组成员和项目委员会，为地方政府提供支持和建议，指导他们什么样的项目成果可以在全国的学校分享并用于建立社区恢复力。该项目最终成果可以在 http://www.schoolemergencies.co.uk/ 找到，推荐所有感兴趣的人们、组织利用该项目网站提供的资源。

国内紧急状态秘书处参加了兰卡斯特大学的赫尔（Hull）洪灾研究项目。这是一项纵向历时研究，建立一个行动研究的模式，整理和分析洪灾影响日志。国内紧急状态秘书处参加了项目的指导小组，出席研讨会，与日志的写作者会面，从而了解严重洪灾灾民的经历。接触撰写日志的灾民，听取他们的经历，用于公众咨询的过程中，能时刻提醒社区恢复力是否对所有社区成员适用并且有效。国内紧急状态秘书处反复强调必须促进公众的风险意识，鼓励他们为突发事件做好准备。

6.3 建立国际合作

国内紧急状态秘书处建立了国际合作关系，参加很多会议将英国的成功实践介绍出去，同时学习欧洲和其他国际同行的先进经验。这些交流的机会在《框架》中有报告。

国际交流显示出不同文化的国家里采取不同的途径建设社区恢复力，但是有很多共同的原则为基础建设社区恢复力。类似地，在从事社区恢复力的工作中和达成目标的过程中也有相同的障碍，例如维持积极性，产生兴趣，察觉到社区中无形的风险并加以关注。国内紧急状态秘书处将继续从事国际合作，学习不同的方法和经验。

6.4 深入研究成功案例

公众咨询的结果显示社区有增强恢复力的迫切要求，特别是那些曾经经历过 1—2 次严重事件的社区要求更迫切。地方应急机构和志愿组织的代表显示出了同样的热情，希望可以支持这项工作，将社区恢复力和他们的应急预案、应急响应及恢复联系起来。正如国际研究所显示，社区恢复力工作在组织和执行上存在差异，差异体现在英国地方层面上。

我们从公众咨询的过程中也看到了现有的和正在进行中的若干和社区恢复力相关的议题，例如社区授权、公民参与、社区恢复力等很多议题。《框架》列出了政府优先考虑的社区恢复力相关工作。研究者和学者们被邀请到内阁参加社区恢复力工作，讨论将来的提案，考虑将他们的工作和项目联系起来。

对现有文献的研究发现在英国社区恢复力上还有很多空白，包括：

- 需要进一步研究人们的行为，如何能激励他们做应急准备，而不是简单地愿意回应
- 需要更多信息了解关于如何在突发事件之前、之中和之后激励和维持对社区恢复力的兴趣

7. 更多信息的联系方式和网页链接

更多信息

获取关于社区恢复力项目的更多信息，请发电子邮件至 community.resilience@cabinet-office.x.gsi.gov.uk，或者写信给社区恢复力，国内紧急状态秘书处，22 白厅，伦敦，SW1A 2WH。

应急准备

https://www.gov.uk/resilience-in-society-infrastructure-communities-and-businesses 个人和社区恢复力主页，有大量资源。

地方恢复力论坛

https://www.gov.uk/local-resilience-forums-contact-details 网页上提供了全英格兰和威尔士各地的地方恢复力论坛的具体联系方式。

国家风险登记册

https://www.gov.uk/government/publications/national-risk-register-of-civil-emergencies 是《国家风险登记册》的主页。

英国环境中心

http://www.environment-agency.gov.uk/

（044）08708 506 506

关于环境风险的信息，包括洪灾警报。

英国红十字协会

http://www.redcross.org.uk/

（044）0844 871 11 11

信息关于突发情况准备工作可以采取的简单预防措施，当发生时的处理办法。

英国皇家女子志愿服务团

http://www.wrvs.org.uk/

（044）0845 601 4670

信息关于英国皇家女子志愿服务团在全国提供志愿服务，包括应急响应。

圣约翰救护

http://www.sja.org.uk/sja/default.aspx

（044）08700 104950

信息关于救护培训能在突发事件中起到重要作用。

皇家防止虐待动物协会

http://www.rspca.org.uk/in-action/international/emergencyresponse

（044）0300 1234 555

皇家防止虐待动物协会发布了若干指导文件，您可以阅读文件掌握如何做准备使得您的宠物在洪水中得以安全。

知晓·准备·共同

http://www.informedprepared.eu/

在这里能找到资源、信息和实用工具，建立和发展个人、社区和组织的能力，更好地为处理突发事件和灾害做准备。

业余无线电爱好者应急网络

http://www.raynet-uk.net/

英国全国性质的志愿通信服务，由有执照的无线电爱好者组成，向社区提供志愿服务。

8. 术语表

内阁办公室

英国政府的一个部门，负责为首相和内阁提供服务。

社区恢复力

社区和个人利用当地资源和专业技术在突发事件中实施自我帮助，是应急机构的补充。

《社区风险登记册》

地方恢复力论坛的辖区内的地方风险评估方法。地方恢复力论坛负责编写、更新和出版。

突发事件

在英国范围内，一个事件或情况，严重威胁人们的福祉，威胁环境，威胁国家安全，威胁某个地方的安全。

突发事件也会在家里发生，例如房屋着火、热水器爆裂、水管破裂等。

地方应急响应机构

在您所在的地方负责突发事件响应的机构。他们包括警察、救护服务，也包括地方政府和其他机构、组织。

地方恢复力论坛

在英格兰和威尔士，以警察局管辖范围划分的区域内主要应急机构以及专门支援组织建立的正式组织，为履行《国内紧急状态法 2004》规定的职责。

《国家风险登记册》

内阁办公室编制的一份报告，作为国家安全战略的一部分，报告中列出政府对重大潜在风险做出的评估。

避难所

地方政府指定的建筑，用于疏散人员的临时休息场所。可能包括过夜的住宿。

四、英国的自然灾害举隅

（一）沿海洪灾[①]

在英格兰和威尔士，每 25 户居民就有一户处于沿海洪灾的危险之中，而且随着气候变暖导致的海平面上升，这个数字还在继续增加。英国环境中心发出警告，在英格兰和威尔士有 130 万人在未来有面临沿海洪灾的危险，提醒人们做好防洪准备。在沿海生活和工作的人们需要对他们所面临的洪灾风险做到心中有数，环境中心提醒人们要去预警系统中注册以便随时获得免费洪灾警告。

1953 年发生过一起严重的洪灾，起因是海潮和低气压综合引起海平面上升，剧烈的北风掀起海浪越过沿海护栏。沿海洪灾造成从斯帕恩角（Spurn Point）到肯特郡（Kent）的社区遭遇潮水侵袭，24500 间民房被毁，3 万人逃离，307 人不幸遇难。城镇和乡村外面，数以千计的动物溺死于洪水之中，大片土地受到海水浸泡多年贫瘠。这次洪灾催生了重大洪灾风险管理的投入，特别是泰晤士河防洪堤坝和泰晤士河河口计划保护着 120 万人。从 1953 年开始，陆续还有其他的计划完成。例如，Jaywick 计划能保护 2600 户居民财产；肯维岛投入一项 600 万英镑的计划；沿林肯郡沿海实施了一项海滩补充计划，建造 20 公里的

① 英国环境中心网站 http://www.environment-agency.gov.uk/news/145515.aspx。

防洪堤，能保护超过 23000 户居民。1953 年以后的几十年当中实施了众多洪灾预防的重建和维护项目，这些只是其中几个例子，沿海的财产要比以前受保护的程度高很多。在过去 10 年间，林肯郡、诺福克郡、萨福克郡和艾塞克斯郡有 2.5 亿英镑投入沿海防洪。

1953 年发生在英国的沿海洪灾使得沿海洪灾应急管理事业发展迅速。那一年的沿海洪灾造成了巨大的人员和财产损失，让人感到最遗憾的是当时居然没有洪灾预警系统。在吸收了那次惨痛的教训以后，英国加大了洪灾应急的投入。现在，环境中心建立了预警系统，居民只要注册环境中心的自动洪灾预警服务，就能随时得到免费的预警通知。英国的监控和预报部门（UK Monitoring and Forecasting service）利用潮汐、波浪和天气数据提供有关沿海洪灾的信息。超过 5 万人还在英国环境中心的微博（Twitter）上随时关注自然灾害的信息。2009 年，洪灾预报中心成立，24 小时全天候、365 天全年无休，灾害预防更得到保障。英国自 1953 年洪灾后实施很多沿海洪灾管理的项目。

过去 10 年，超过 2.5 亿英镑用于林肯郡（Lincolnshire）、诺福克郡（Norfolk）、萨福克郡（Suffolk）和艾塞克斯郡（Essex）的沿海防洪中。用于灾前保护人们免受洪灾的每一英镑将会节省 8 英镑灾后清理费。

过去 10 年投入的资金加上防洪设施重建和改善意味着英国的沿海洪灾应急系统能抵御 1953 年相似的灾害。

1953 年遭遇过那场灾害的地方，例如肯维岛（Canvey Island）、Jaywick、费力克斯托（Felixstowe）、林肯郡、金斯林（Kings Lynn）和 Gt Yarmouth，已经完成应急管理的巨额项目。

肯维岛防洪设施在 20 世纪 80 年代前期完成，2006 年耗资 600 万英镑重新修整。标准超过了英国一些最好的海岸防洪设施。1953 年灾害中的最高浪在现在的防洪堤坝 1 米多以下的位置。

Jaywick 的海岸防洪设施耗资 1000 万英镑，保护 2600 户居民的财产和更多的人。

在林肯郡，Saltfleet 和直布罗陀角（Gibraltar Point）之间建设的防洪设施保护了超过 23000 户居民的财产。堤坝在 20 世纪 70 年代遭受严重的损坏，在 20 世纪 80 年代遭受严重的腐蚀。在这之后，一个 20 公里海岸修补计划从 1994 年开始实施，叫作林肯郡海岸计划（Lincshore Scheme）。这项计划持续进行，每年投入700万英镑。

而现在有超过120万人注册并获得洪灾预警的服务，预警给居民提供了宝贵的准备时间。

（二）伦敦的内涝[①]

城市内涝等地表水泛滥是英国的主要灾害之一。英国的泰晤士河闻名遐迩，然而海水潮汐、海平面上升以及其他因素造成的泰晤士河洪灾却困扰着英国。特别是全球气候变暖引起的海平面上升日渐威胁伦敦的安全。伦敦有150平方公里的面积位于高潮位以下，为保护这一地带不受洪水侵袭，政府建造了泰晤士河防洪堤坝。在伦敦洪泛平原上的财产总价值800亿欧元，其中3/8的部分受到泰晤士河防洪堤坝的保护。从另一个角度说，海平面上升威胁到的财产价值非常高。2002年的数据，泰晤士河的上游非潮汐区，有12000户人家住在河岸500米之内，这些住户为河流沿岸增加了5.8亿英镑的经济价值。潮汐区有80万人住在河岸步行10分钟的范围之内。伦敦的基础设施的承载力已经接近饱和，然而居民不断增长的需求意味着更多的住房将要建在堤坝下游。一个主要的发展区域是奥林匹克村，另一个是泰晤士河口地区。根据规划的估计，泰晤士河口地区很快将提供11万户新住宅，成为每公顷200户的集中居住区，而相比之下，英格兰东南部的人口密度只有30户。泰晤士河防洪堤坝大大减少了灾害风险。一旦堤坝因事故、恐怖袭击或者破坏活动而被毁坏，伦敦就会面临洪灾的危险。

为应对逐渐上涨的海平面，泰晤士河防洪堤坝不断地改进，到2030年依然可以抵抗千年一遇的洪灾。从1982年建成到2001年8月，泰晤士河防洪堤坝预防洪灾63次，仅仅2000年和2001年就有24次，主要是河水泛滥。到2003年1月为止，堤坝闸门共应对14次连续潮汐而关闭82次。2000年秋天堤坝闸门应对了7次连续潮汐，2003年1月泰晤士河洪水涨到史上第三高水位时，洪水比2000年秋天还严重。泰晤士河洪水近年愈加凶猛，防洪堤坝的使用大大减轻了流域内的洪灾。根据环境署2001年发布的数据，到2030年，

① David Crichton, What can Cities Do to Increase Resilience? originally in Philosophical transactions of the royal society, 2007. in Disaster Law, edited by Daniel A. Farber and Michael G. Faure, published by Edward Elgar Publishing Limited, Cheltenham, UK, 2010, pp.53-61.

由于海平面上升等因素，泰晤士河防洪堤坝估计平均每年关闭30次。在未来30—50年间，泰晤士河估计还将有大洪水，因此环境署将规划周期从2030年延长至2100年，启动了“泰晤士河口洪灾风险管理计划”，缓解从特丁顿到希尔内斯港、舒伯里内斯港河段因潮汐引发的洪灾。初步估计，如果到2100年泰晤士河防洪堤坝还能抵御千年一遇的洪灾，那么需要在未来40年内花费40亿英镑用于堤坝的升级。

（三）冰雹和暴风雨①

在欧洲，冰雹和暴风雨特别需要关注。1987年、1990年、1999年具有破坏性的冬季暴风雪表明，由于全球气候变暖，冬季暴风雪开始向南扩展。1993年强烈的Braer风暴袭击了苏格兰东部的设得兰群岛，英格兰和法国在这次风暴中逃过一劫。这次风暴几乎打破了欧洲的低气压纪录，大气状况类似5级飓风，而且风暴持续了22天之久。尽管遭遇如此恶劣的天气，设得兰群岛的建筑构造很好，几乎没有损坏。如果这样的风暴袭击人口稠密的英格兰和威尔士，由于建筑标准设置低，将会造成巨大的灾难和伤亡。在过去50年间，横扫英国本土的冬季风暴次数已经增加了一倍。

虽然伦敦需要时常准备预防河流、海洋带来的内涝，但是伦敦的大部分沿海和沿河地区都建立了先进的自然灾害应急管理体系。除了海、河造成的洪灾以外，暴雨也是造成伦敦洪涝的重要原因。2002年8月7日交通晚高峰时段，伦敦市中心下起了暴雨，降水量1英寸，持续30分钟。暴雨导致五个重要的火车站封闭，城市陷入困境。当时伦敦的排水系统还是维多利亚时代设计的，由于太过老旧而难以应对暴雨洪灾。2005年以前，一半以上的排水管道和下水道都存在溢出问题。在英格兰和威尔士，现代的建筑比古老的建筑更容易遭到风暴破坏。古老的建筑因为“过度设计”所以坚固。现代的建筑因为供不应求，所以比起质量更重视建设数量，采用的建筑标准不足以抗灾。

① David Crichton, What can Cities Do to Increase Resilience? originally in Philosophical transactions of the royal society, 2007. in Disaster Law, edited by Daniel A. Farber and Michael G. Faure, published by Edward Elgar Publishing Limited, Cheltenham, UK, 2010, pp.53-61.

第二章 英国社区恢复力的制度体系

本章主要介绍制度体系。主要对英国社区灾害管理的法律、法规、规章和政府政策，社区自治管理的章程、契约、规则，以及社区防灾或风险文化等进行文本分析和规范分析。英国政府建立了一个网络图书馆，整理和发布全国社区恢复力的成功案例。网络图书馆制定了专门的案例编写说明和编写模板，为不会编写案例的人提供便利，而且也使得网络图书馆收到的案例能整齐划一。

一、英国社区恢复案例研究网络图书馆[①]

英国政府的官方网站（https://www.gov.uk）上有一个叫作社区恢复案例研究网络图书馆（Community Resilience case study library）的板块，网站的网址是 https://www.gov.uk/government/publications/community-resilience-case-study-library。英国社区恢复案例研究网络图书馆是在名为“提升英国承受、应对突发事件及恢复重建能力”的政策指导下，于 2011 年 12 月 6 日在英国政府官方网站上开辟的新网页。

英国政府意识到很多社区为应对突发事件正在进行社区恢复力的建设。他们希望了解社区在应急管理方面的动态，也希望社区之间可以互相交流经验，提高社区的应急管理意识和理解程度，社区也能从中寻找适合自己需求的信息。基于这样的想法，政府开发了一个案例研究图书馆。它可以让人们高度重视自己所在的社区的应急管理活动，而且能了解其他社区正在做什么[②]。

英国社区恢复案例研究网络图书馆的功能是共享英国国内各地社区恢复应

---

① 英国社区恢复案例研究网络图书馆网页 https://www.gov.uk/government/publications/community-resilience-case-study-library。

② 英国政府官方网站 https://www.gov.uk/resilience-in-society-infrastructure-communities-and-businesses。

对工作的实践和经验，给社区工作提供有帮助的实际案例。案例面向全社会的机构和组织征集，任何机构和组织如果有社区灾害管理的实例都可以发电子邮件给社区恢复案例研究网络图书馆，网络图书馆的工作人员收到案例的稿件，将案例以地点、时间、主题的简洁信息为题目，以 pdf 文件的格式发布在网络上，供社会免费下载阅读。投递的案例需声明，案例中呈现的观点必须是组织的名义，而不能以个人名义，而且案例还没有接受独立审计（have not been independently audited）。

为了规范案例格式和内容，网站提供 pdf 文件格式的案例写作指南和 word 文档格式的写作模板，投稿人可以下载来参照写作。写作指南编制得简明详尽，从如何写案例研究教起，让没有学过案例研究写作的人也可以按照指南撰写案例，方便分享他们的工作和经验。写作模板提供了一个分析案例的框架，按照框架写作不会遗漏有价值的信息。目前网站上刊登了从 2008 年至 2011 年间七个案例。英国社区恢复案例研究网络图书馆的网页截图、案例的写作指南、写作模板如下。

（一）民防和恢复案例研究

民防和恢复案例研究

给投稿者的写作指南，2011 年 7 月

1. 民防和恢复案例研究（Civil Protection and Resilience Case Studies，简称 CCS）征集各个地方先进的社区恢复案例研究，发布在网站上供分享。本指南是为投稿者和本部门的编辑准备的案例写作指南，内容包括讲解案例研究的性质和目的，说明 CCS 对投稿人的要求，提供 CCS 使用的案例研究标准模板。

什么是案例研究？

2. 案例研究是对具体事件的总结。简明的案例研究，例如本指南提供的模板里的文本表格，用于举例说明要点，或者让一般叙述增加说服力。详细的案例研究包含更多细节，更关注哪些细节起到了什么作用，为寻找新想法和不同视角的人提供有价值的参考。失败的案例同样具有意义，可以吸取教训。

3. 案例研究和先进经验应加以区别。一个案例研究实际上是对某个时期某个地方在某个具体环境中实施的具体做法和效果进行的描述。案例研究是对事情本身进行客观的描述，而不需要包括倡议，从中获取的经验，其他地方对此案例的借鉴等。案例研究是原始的素材，是先进经验的来源。

4. 作为介绍先进做法的案例研究，在选择上有两条标准。第一，有来自外部的评价和肯定；第二，有相关的权威评定这种经验对其他情况也有可借鉴意义。

为什么民防与恢复部门整理和发布案例研究？

5. 民防和恢复部门以及其他部门对应急管理人员发行指导资料，指导他们应该做什么、应该怎样做、可以怎样做。案例研究作为指导资料的补充材料，对于说明具体的组织是如何进行实际工作的、成效如何、从工作中总结哪些经验，具有实践价值。

6. 搜集案例对于民防和恢复部门以及其他部门也是学习经验的过程。投稿人提供的案例结合法定的和非法定的指导，也是为将来推行先进的做法、修订新的指导资料提供实践材料。

投稿符合在网上发布的案例研究需要包括什么内容？

7. 案例研究应该有对工作的回顾反思、评估和经验总结，这样要好于对工作的简单描述。为了让案例研究有更大的作用，案例研究需要写出工作的执行和成效（例如，对管理对象已经实施的具体行动、预期的最终状态），要好于只介绍规划和决策（例如，工作计划制订、机构和人员组成等）。

8. 投稿的案例研究最好具有共性、普遍借鉴意义，可供其他人应对其他情况的时候能够借鉴学习。投稿的案例研究最好不是极特殊的个性化案例，除了极少数相似情况以外，不能为普遍情况提供借鉴参考。

9. 此外，我们将从收到的案例研究中总结出普遍的问题和先进经验的原则。

如何撰写一个好的案例研究？—— 一般原则

10. 撰写案例研究要注意以下原则，这是撰写一个好的案例研究的一般标准：

- 言简意赅，避免多余的细节
- 案例应具有实际意义，例如，通过分析革新方法的成功与失败阐明一个特定问题
- 需对案例做出评价，而不是简单描述案例的成功和优势
- 强调案例的经验在不同情景中的可学习借鉴之处
- 要清楚地写出执行和效果的具体内容。如果还没有到执行和收效阶段，

请在执行和看到收效以后，将具体的执行和效果撰写在案例研究中再投稿。要特别注意，附上资源调用的情况和成本影响，这是特别重要的信息

- 请用英语清楚明白地撰写案例研究，避免使用专业技术词语或者缩写词，如果必须使用，请做注释

11. 投稿人需要注意，我们的编辑在审稿的时候将按照以下项目检查您的稿件是否可以发布在网站上。

案例研究写作模板说明

12. 模板中要求填写的各栏项目是从以往先进经验中归纳出的提纲，模板是目前地方政府协会（Local Government Association，简称 LGA）使用的记录案例研究的表格。

13. 题目——要一目了然，简单扼要。

14. 日期和版本——案例发生的日期，投稿的日期，第一次投稿的案例编为 1.0 版本。案例若有后续进展，可作案例的跟踪研究。稍作修改再次提交该案例的新一版编号为 1.1 版本，继续跟踪的再一版编为 1.2 版本，逐次编号下去。如果案例有显著更新，则编号为 2.0 版本。

15. 目录——对于一些涉及内容多的工作范围（例如，应急管理的灾后恢复和重建），建议事先梳理一个目录用来组织案例的内容，目录可由撰写人自己拟定。

16. 概述——案例讲述的问题是什么？处理该问题的策略和实际执行是什么？预期达到什么效果？建立了什么样的工作机制，以及解决问题的实际效果如何？

17. 主要经验总结——这里总结的经验应该有更普遍的适用性，不要就事论事地仅针对本地而言。经验不要总结太多，以 3—5 条为宜。每条经验不要太零散，要围绕主题总结经验。

18. 背景——为理解问题、应对措施的意图、效果，提供背景信息，了解工作经验得来的背景。

19. 参与者——有合作者参加的案例具有特殊价值。列出与案例相关的主要参与者即可，帮助理解案例的背景和案例本身。

20. 问题与解决办法——在这个表格里写出更多的细节内容，但是需要表述

简洁。包括资源的使用和花费的时间。

21. 执行和效果——必须写出已经执行的具体行为，而不是纸上的策略。必须写出能表明执行效果的实际证据。效果这部分还要包括计划之外的（好的和不好的）结果。

22. 有哪些本应可以做得更好——客观地评价不足之处，这些不足之处是相关参与者基本共识的。

23. 下一步工作——概述为实现目标而正在进行的和未来计划的工作，特别是参考了地方恢复力论坛（Local Resilience Forums，简称 LRF）的回复和吸收了其他更广泛的经验之后采取的改进办法。

24. 联系信息——投稿人的电子邮箱、电话。

25. 备注——案例中提及的内容需要做注释可在这里注释。案例中引用的网络资源注明网址，引用的其他出版物注明出处。请检查网络资源的网址能否成功链接到该网页。

26. 如对本指南或者对案例研究的使用有任何建议、意见，请发电子邮件至 robert.macfarlane@cabinet-office.x.gsi.gov.uk。

（二）社区恢复案例研究模板

题目：

案例发生日期：　　提交日期：　　案例研究版本：

案例概述：（介绍具体工作的先进之处，达到了什么效果？）

主要经验总结：（可供借鉴的主要经验是什么？）

背景：（从何得到工作创新的启发？如何筹划实施？）

参与者:（列出相关者和合作者）

遇到的问题是什么？如何解决问题？（如何解决问题？需要哪些资源，用了多少时间？）

如何执行？达到了什么效果和影响？（包括积极和消极的结果，有何明显的事例能说明效果？）

有哪些本应可以做得更好？（根据计划评价结果）

下一步将如何进行？（是否有相关的实施计划？是否回顾之前的经验？）

备注信息（如果适用）：

联系人：

电子邮箱：

二、社区应急预案

格洛斯特郡农村社区咨询所举了一个当地社区使用应急预案的小例子。格洛斯特郡有一个村，叫作 Weston sub Edge。在 2010 年经历下雪天气的时候，这个村将他们的社区应急预案随时放在手边准备启动，并且根据应急预案开通了热线电话。依照预案的事先准备，当村里需要处方药的时候，由一名志愿者驾驶着四驱汽车从药房送到了村里[①]。

（一）社区应急预案模板之一

格洛斯特郡农村社区咨询所网站 http://www.grcc.org.uk 提供了一份教区行政部门的应急预案模板。这份模板是咨询所设计的社区应急预案软件包中的一个文件，关于软件包的介绍见本书第 51 页。教区行政部门拿到这个模板，只需在画方框的部分填写自己教区的具体信息，如有需要可稍加调整，即完成预案文本的初稿。从下页开始是一份完整的应急预案模板，供参考，由格洛斯特郡农村社区咨询所网站上下载。

① 格洛斯特郡农村社区咨询所网站 http://www.grcc.org.uk/emergency-planning/emergency-planning-in-action。

社区应急预案

社区名称

日期 / 版本

预案第 1 页

修订记录

日期	页码	修订原因	修订者签字

预案第 2 页

目 录

注意：带 ** 的部分属于限制内容——只有指定职务掌握，对外保密，在分发之前删除或者调整。

预案第 3 页

1. 简介

突发事件的概念

突发事件、重大事故是在预警或者没有预警的情况下发生的事件，导致伤亡、威胁生命，造成社区毁坏、财产损失、环境破坏，其后果无法通过应急管理部门、地方政府和其他组织的日常工作处理。

背景

郡、县议会、区（district）议会和应急机构都具备突发事件应对体系。虽然没有法律要求社区建设应急预案，但是地方议会和应急机构鼓励社区建立自己的应急预案。社区应急预案说明了社区如何应对突发事件，例如社区在等待法定机构和应急管理机构救援时该怎么做，或者如何进行支援。本应急预案由社区应急管理工作组撰写，负责发生在 填写您的社区的名称、地区 的突发事件应对。

目标

通过建立稳定的协调合作关系，使本社区成为本地政府应急管理部门和法定组织的力量补充，增强社区的恢复力。

宗旨

- 识别社区可能面临的危险，制定应对行动
- 掌握社区内的弱势群体的情况
- 确认突发事件当中社区可以获得的救助资源
- 为社区应急管理小组、重要的社区资源、应急管理机构和地方政府提供联络信息

2. 社区应急管理中的主要职责

预案关注了三个组成部分：

（1）合作与协调

（2）对外联络

（3）救助

它们的职责和功能详见附录 1。

3. 可预见的突发事件

我们的社区可能面临的突发事件类型有：

填写相关的突发事件列表

预案第 4 页

4. 启动预案

当社区爆发突发事件，应急管理机构不能迅速救援，或者需要更多救援，如发生严重洪涝灾害，立即启动本预案。当收到警报时，或在预期的灾害发生之前，如恶劣天气，也启动本预案。决定过程如下：* 填写程序

5. 风险评估

附录 2 的表格列出每一类型突发事件的分析和社区的应对行动。

6. 社区可用资源

志愿者和其他资源

列出突发事件的准备、应对和恢复阶段需要的各种专业技能人员，一份成功的应急预案在很大程度上依赖于志愿者的良好意愿。

当突发事件发生时，潜在的志愿者能说出他们可以帮忙做什么。志愿者们可以由 * 填写负责人名字和联系方式 负责组织和协调。应对突发事件还需要其他资源，重要的是能迅速确定这些资源的位置和渠道。

附录 3 中的表格列出了志愿者和其他资源，以及如何在我们的社区发生突发事件时利用这些资源。附录 3 是限制文件，只能由社区应急管理小组领导持有，不能分发给其他人。

安全避难所

地方政府负责在突发事件中安排集中避难所。但是，也可能有必要在社区里安排一个临时的安全避难所，为游客和从家里撤离出来的人群准备。

准备和使用安全避难所的过程如下：填写程序

7. 通信

通信无论在灾前、灾中、灾后都至关重要，以确保收到警报和信息并传递出去，确保与应急服务的协调合作，确保志愿者在社区现场的协调工作。

在灾前、灾中，与社区内、外通信的过程如下：* 填写程序

法定机构、应急管理部门、重要的当地联系信息和领导的详细联系方式见附录 4。

社区居民可以获取以下指南、手册、出版物等资料 ** 填写资料的名称也可以复印资料放在附录里

8. 记录行动和获得反馈

应对灾害过程中，安排志愿者负责记录行动。使用附录 5 的记录表格。记

预案第 5 页

录下行动有助于灾后总结、评估和升级预案。也可以增加其他方法记录行动和获得反馈

9. 预案文本持有者的名单

预案文本需要撰写两个版本。一个版本是限制版本，包括潜在的志愿者的联系方式等不可公开的信息。另一个版本是非限制版本，只包括应急管理机构、法定机构和社区主要领导的联系信息等公共信息。

正式的应急预案文本分发给以下人员：

预案持有者	持有版本的类型 非限制 (U) / 限制 (R)	持有版本的形式 纸版 (P)/ 电子版 (E)
填写人名	填写 U 或者 R	填写 P 或者 E
依次填写		
地区应急管理部门负责人（填写名字）	U	E

10. 预案维护与回顾

为了及时更新预案，联系信息必须随人事变动而更改。而且，预案必须每隔 * 填写间隔的时期 进行回顾和检验，在 * 填写具体何时 由 * 填写责任人或小组的名字 进行的，确保预案能准确反映社区的需要。

任何对预案的修改必须记录在修订记录表格里，在本预案的第 1 页上。新的预案版本要分发给正式的预案文本持有者。预案文本持有者有责任确认自己手上使用的是最新版本的预案。

预案第 6 页

附录 1　应急管理预案的主要工作列表

a) 合作协调工作的主要任务清单

社区名称 ……………………………………………………………………

合作协调工作的主要任务	
突发事件前	• 建立应急预案的核心内容 ○ 鼓励人们参与到应急预案的建立当中 ○ 为突发事件分级 ○ 把应急预案整理在一起 ○ 宣传应急预案，让居民都了解它 • 与法定机构保持联系 • 根据教区、镇行政部门的需要制订应急预案 • 明确所需的培训内容并提出培训要求 • 明确并安排社区突发事件预防办法 • 准备应急便携箱，包括应急预案、衣服和设备
突发事件中	• 联系相关机构和相关人员发出警报 • 向社区发出警报 • 拨打本地报警、急救电话，同时启动应急预案 • 建立临时应急中心，全程值班监控事态发展并进行指挥协调工作 • 联系媒体 • 在社区里建立联络方式 • 协调预案中其他两部分工作（外联和救助），监督所有工作的进展 • 与政府应急机构和法定机构保持联系 • 随时在记录表格里记录事故、行动和花费
突发事件后	• 立即安排总结 • 召集法定机构、志愿组织等一起召开咨询会 • 向教区、市镇行政部门、其他法定机构和社区分别反馈相应的报告 • 根据本次突发事件的实际应对检查应急预案 • 调整应急预案，根据需要做出修改，并发布最新一版的应急预案 • 答谢志愿者，完成其他后续工作，例如为恢复重建的成功举行一次仪式等

合作与协调工作负责人的联系方式

姓名	地址	电话（手机和固定电话）	电子邮箱

预案第 7 页

b) 外联工作的主要任务清单

外联的主要任务	
突发事件前	• 与合作协调部分的工作保持联系和协调 • 拟定志愿者名单和可利用人才资源的名单，并随时更新 • 实施风险评估 • 撰写风险评估和安全评价报告，分发给志愿者 • 列出物力、财力资源的目录，有条件的可储备物资 • 准备应急便携箱，包括应急预案、衣服和设备
突发事件中	• 根据合作者和救助的要求，对突发事件做分析、确定各项行动的先后次序，做好联络工作 • 监控，并为各项保护和恢复行动安排先后次序 • 将社区内的弱势个体情况告知应急管理机构和法定机构，并对弱势个体的情况与应急管理机构和法定机构随时保持沟通 • 得到命令时，积极配合应急管理机构的工作 • 记录所有的行动（拍照、录像、填写工作记录表格等）
突发事件后	• 召开工作组内咨询会，听取工作人员的反馈和汇报，会议需充分利用事件过程中的工作记录 • 吸取本次实际应对中的经验和教训，为检验预案积累原始材料，调整预案 • 关注志愿者，与救助机构交换志愿事业的经验 • 清理使用过的标牌、标志等 • 保持对使用过的便利设施和资源的维护

外联工作负责人的联系方式

姓名	地址	电话（手机和固定电话）	电子邮箱

注：应急便携箱及内含物品包括：手机、照相机、饮用水、压缩饼干、剪刀、胶皮手套、手电筒、上衣、应急预案等。

预案第 8 页

c) 救助工作的主要任务清单

社区名称 ……………………………………………………………

救助的主要任务	
突发事件前	• 掌握社区内需要特殊帮助的居民的情况 • 设置社区里的临时安全场所 • 在休息、安全场所建立一个食品和饮用水以及其他物资的运作体系 • 设计一个人员清点办法，防止突发事件的过程中有人被遗漏
突发事件中	• 走访并安抚社区居民 • 在合作协调工作的统一指挥下，给社区里有需要的人提供帮助和物资 • 把弱势个体的需要传达给法定机构和应急管理部门 • 如有需要，给社区的安全场所配备工作人员，并做协调 • 用记录表格详细登记进出安全场所的人，特别是受灾人群 • 照顾和安慰安全场所里情绪波动很大的人 • 安排和提供救援物资 • 根据需要安排睡觉场所 • 使用记录表格详细记录突发事件应对过程中的行动
突发事件后	• 做居民调查以获得反馈，检查恢复情况 • 告诉人们有哪些健康服务和福利服务，以及如何得到他们的服务

救助工作负责人的联系方式

姓名	地址	电话（手机和固定电话）	电子邮箱

预案第 9 页

附录 2　风险评估和行动突发事件之前、之中、之后

社区名称 ....

突发事件的情况	具体描述——地点和事件是什么?	行动

预案第 10 页

附录 3　可利用资源列表——志愿者、技能和其他资源

社区名称 ……………………………………………………………

这些信息是限制内容，只能由社区应急管理小组领导持有，不能分发给其他人。

志愿者

姓名	电话	电子邮箱 邮政地址	技能 志愿工作意向	可以提供的资源

其他资源

本地资源	联系人(可多名)	电话、邮政地址、电子邮箱	在突发事件中，如何使用该资源?

预案第 11 页

附录 4　紧急情况需要的重要联系方式

社区名称 ………………………………………………………………

组织或名字	电话	网址、邮政地址
紧急求救		
区（district）议会（如有多个，请全部列出）		
郡政府或单一管理区（Unitary Council）议会：		
应急管理机构		
查询电话		
郡公路管理部门		
郡医疗服务部门		
水公司（water company）		
英国国家环境中心		
查询专线	08708506506	www.environmenf-agency.gov.uk
洪涝灾害专门电话	08459881188	
社区应急工作负责人		
教区、市镇行政机构的联络人		
本地紧急救助、避难场所的负责人		

预案第 12 页

附录 5　记录表格

社区名称 ……………………………………………………………………

突发事件的应对中，用记录表格记录社区采取的应急行动。

日期	时间	信息、决策、行动	出现了什么情况而采取以上行动？ （Initials）

预案第 13 页

（二）社区应急预案模板之二

格洛斯特郡农村社区咨询所设计的社区应急预案软件包中有一份关于软件包的使用说明，就像是应急预案的说明。全文翻译如下。

使用说明配合一个预案模板。预案模板作为附录附在使用说明之后。

社区应急预案软件包使用说明①

2011 年 3 月

软件包的目标是什么?

软件包是一步一步指导您和您的社区建立社区应急预案。一份社区应急预案是您能用于对您的社区造成影响的突发事件做准备的工具。这只是为您的社区内建立预案的一种方法。您可以调整建立预案的方法以便更适合您的社区的需要。

这个软件包和预案模板配套使用。预案模板可以在英国内阁网站找到。链接如下：https://www.gov.uk/resilience-in-society-infrastructure-communities-and-businesses。

这份向导用于帮助您完成应急预案。注意有行动标志的地方是对如何完成预案某部分的建议，以及从哪里可以找到您需要的相关信息。

如果您的社区已经具备了社区应急预案，那么您同样可以使用本软件包更新和修改您的预案。在开始阅读本说明之前，您可以到英国内阁网站了解应急预案的概况。网址是 https://www.gov.uk/preparation-and-planning-for-emergencies-responsibilities-of-responder-agencies-and-others。

为什么我们需要社区应急预案?

当突发事件发生时，政府应急机构总是必须去首先应对最需要的地方，特别是生命受到威胁的地方。您也可能受到突发事件的影响，但是没有处于生命危险之中，这时候，您需要掌握如何自救和帮助您周围的人。通过具备更强的

① Community Emergency Plan Toolkit，下载于格洛斯特郡农村社区咨询所网站 http://www.grcc.org.uk/emergency-planning/community-emergency-planning-toolkit。

恢复力，您和您的社区能够投入到政府应急响应的工作中，降低突发事件对社区的短期和长期影响。

第一步——制订应急预案

准备开始

这部分列举出在社区应急准备阶段和社区应急预案中的主要步骤。

认识您的社区

从认识您的社区开始。您的预案为谁而设计？社区是居住在这里的居民连系的纽带。这条联系纽带一般是因为人们居住的地理位置很近而形成的，但是也会因为人们有共同的兴趣爱好或者有相似的经历而形成纽带。在社区应急预案中，社区通常是指由居住邻里组成的人群。有时，也把社区看作是当居住地遇到突发事件需要共同合作、互相帮助时，您愿意与之合作的人们。

确认已有的社区关系和应急人员

第一件需要考虑的事情是谁能够帮您筹划应急预案。社区或多或少具有一些应急管理工作，也有从事应急管理工作的人。建立应急预案不是创造或者确认新的社区居民网络，也不是一次性地只应对一次突发事件，而是持续地使用和增进地区关系的过程。

考虑社区已经具备的条件，例如在过去的突发事件中，您和谁讨论，和谁在社区中合作。您可以联系社区里现有的机构、组织、社团、一些关系网，看他们是否愿意参与到社区应急服务或者考察他们从事社区应急是否合适。例如，教区议会、邻里安全组织、搜救队（Scout groups）、居民团体、青年组织等。您的地方政府应急机构或许也能够帮助您找到社区里已经有的恢复力力量。

您可以召开一次公开的会议，在会议上启发参会者讨论他们认为哪些在预案建设中需排在前面，讨论哪些人有兴趣参与到预案建设当中等内容。

社区应急组织和协调员

社区里热情参与进来的人们可以成立一个社区应急小组来共同筹备应急准备。应急小组将来在灾后恢复时也将发挥作用。应急小组可以是新建立的组织，也可以建立在原有的社区组织的基础上。

有些村、社区安全组织和教区也有社区应急协调员，您可以考虑在您的社区里选择一位社区应急协调员。协调员在组织和推动社区应急小组工作中起领导作用，负责维持小组的运转和小组对社区的服务。

协调员的工作是在社区应急小组和当地政府应急机构之间进行联络。社区应急协调员可以由社区选举产生，或者是和社区议事组织联系密切的人担任。

搜集信息

掌握社区信息和确认困难群体。

重要的是和独居的人、困难群体保持联系，确保他们在突发事件中是否需要帮助。像地方政府应急人员、红十字会和英国皇家女子志愿服务团（Women's Royal Voluntary Service，简称 WRVS）以及其他专业组织和个人在应急响应、恢复中能规范地提供帮助，而且有专门的资源。这些组织不能准确地了解在社区里什么人需要什么个别的或特殊的帮助，也不确定社区里处于危险的人中哪些是困难群体，特别是面对一个陌生的社区的时候。这就需要社区提供详细信息，需要社区当地的居民为专业组织的救援提供帮助。

困难群体

任何人在突发事件中都有可能是困难群体，但是突发事件让老弱病残人群更难以应对。地方政府应急响应人员可能首先需要为这些人提供帮助。如果社区应急小组了解社区里哪些住户是困难群体，就会在突发事件响应中辅助政府应急响应人员尽快向社区里的困难群体提供援助。社区应急小组要考虑在突发事件发生时如何让政府应急响应人员了解社区困难群体的情况。可能有当地组织掌握当地的困难群体情况，社区应急小组可以列出这些组织，并保持与他们联系。当需要有关困难群体的信息时候，可以从他们那里得到全面的信息。

重要提示：

- 人们的生命在任何时候都有可能变得很脆弱，我们在不同的情况下都有可能成为困难群体
- 对于不同的人或群体，令他们变得脆弱的事情不一样；不同的人有不同的致命弱点
- 人们的脆弱性会在突发事件过程中变化，而且可能持续到灾后恢复阶段

行动：

使用紧接下文的社区应急预案模板第 9 页，本书第 74 页，您可以记录您当地的掌握困难群体情况的组织名单列表，并保持联系。记录这些组织的名单并保持联系，可以在突发事件中从他们那里获得您社区里困难群体最新的、全面

的信息，帮助您的社区明确您那里的困难群体情况。

确认风险和做预防

重要的是认识社区所面临的潜在风险，了解这些风险对社区的影响有哪些，从而有针对性地增加社区的恢复力。居民和社区应该对社区所面临的潜在风险有所预防。

您所在的地方各个应急机构和组织定期在地方恢复力论坛（Local Resilience Forum）会面。各应急机构和组织通过论坛形式合作，为本地潜在的突发事件做应急预案。论坛有责任发布《社区风险评估册》（Community Risk Register），公布被认明的本地风险以及它可能带来的影响。

政府定期评估有可能影响英国的所有自然灾害和恐怖威胁，发布在《国家风险评估册》（National Risk Register）。您可以根据国家发布的国家风险类型和当地发布的社区风险类型共同参考，确认您的社区潜在的风险和灾害以及可能带来的影响。

您还需要通过您对社区的了解，确认您的社区是否还有没有包括在论坛发布的《社区风险评估册》中的其他风险。例如，当地是否有公路遭到定期洪水，或者有小路在天气恶劣的时候就无法通行？

评估社区突发事件及其影响的时候，还有其他因素需要考虑：

社会风险

社区里有困难群体吗？

例如可能包括：

- 最近刚做过手术的居民
- 没有私人交通工具、公共交通工具不能到达的居民
- 行动受到限制的居民
- 接收突发事件信息有障碍的人群
- 暂住居民，例如来此度假的游客或者歇脚留宿的过路人

自然灾害

- 本地是周期性发洪水吗
- 本地有暴露在风险之下的重要自然资源或历史遗迹吗？例如科学研究保护区

公共设施危险

· 此地有重要的交通枢纽吗

· 有大桥或者重要公路吗

· 有大的工业基地吗

行动：

使用紧接下文的社区应急预案模板第 4 页，本书第 69 页，您可以确认：

· 潜在风险和自然灾害，以及它们对您的社区造成的影响

· 您能做什么来减少风险造成的影响

和本地应急响应机构讨论您社区的风险评估，您会受益匪浅。和专业机构讨论您社区的风险评估可以确保您了解到在突发事件中您如何完成应对工作。

评估社区人才和资源

当您评估社区需要预防的潜在风险以后，重要的是考虑您的社区已经具备哪些人才、资源和设备，为突发事件的应对和恢复做准备。

您可以根据以下列出的项目评估您的社区已经具备的人才和资源：

志愿服务

志愿服务通常是自发的，很多社区和个人都会在他人需要帮助时主动伸出援手。但是，作为应急预案的一部分内容，您应该询问居民和社区里的组织是否愿意做突发事件的志愿者，同时询问他们有什么技能、工具和资源能够派上用场。有正式工作的人做志愿者，还需要确定是否在发生突发事件时能够请假来支援应急响应和恢复。

您也可以询问当地的组织，他们已有比较固定的志愿者队伍或者一直保持联系的对组织有帮助的人是否愿意来做您社区的应急志愿者。

重要的是跟志愿者保持联系，定期更新志愿者信息，确保突发事件时志愿者能投入工作。您也许更希望志愿者能参与到您的预案演习当中。关于管理志愿者队伍的更多信息可以在以下网站找到：

英格兰志愿服务 www.volunteering.org.uk

威尔士志愿服务 www.volunteering-wales.net

苏格兰志愿服务 www.vds.org.uk

工具

和社区应急小组讨论，考虑在突发事件中需要使用什么工具和设备。您的

社区里可能有居民有这些工具和设备，而且愿意在突发事件中贡献出来使用。

供给

在突发事件中，您的社区需要如食品和水等获得有困难的物资供给。社区应急小组应该考虑询问当地商户或者能供应物资者是否愿意当发生突发事件时提供物资。如果社区应急小组和供应物资者签订合同，把合同附在社区应急预案当中。

交通

确定在突发事件时社区能使用哪些机动车，并且要确定当需要使用这些机动车时能够得到它们，例如钥匙和停放位置等必须清楚。重要的是确定提供机动车的志愿者有驾驶证，而且应急中使用机动车是在它保险中规定的赔付范围之内。

“4×4 四驱支援”（4×4 Response）是英国一个社会志愿者组织，成员是拥有四驱越野车的车主，组织遍布英国各地，为自然灾害提供交通志愿服务，网址是 www.4x4response.info。您可以和当地的“4×4 四驱支援”取得联系，他们可以提供有关当地可用于应急的机动车资源的信息。

行动

使用紧接下文的社区应急预案模板第 5 页，本书第 70 页，可完成您对社区人才和资源的评估。

保险、医疗卫生和安全

当计划社区成员能提供怎样的帮助，以及有多少资源可以使用的时候，您应该考虑商业保险。

很多社区把商业保险和责任保险视为应急准备的防护栏。责任保险由法院裁决，人们可以在责任保险的保护下根据常识互相帮助。

请注意，当您编制和使用应急预案的时候，不要把您自己和其他人置于危险之中。

社区管理者需要向社区居民传达关于社区应急的安排已经投保险，有法律保障社区应急行为，特别是使用社区中心、村礼堂作为避难所，或者在应急中使用机动车等资源。政府正在与商业保险和社区合作开发商业保险和责任保险用于社区突发事件，将来会有相关结果公布。可以在英国保险协会（Association of British Insurers，简称 ABI）网站 www.abi.org.uk 上找到有关商业保险的帮助。

确认关键地点

在突发事件中，您当地的应急响应人员可能需要社区应急小组提供协助，帮助他们安排一个安全地点做人员安置或者建立临时休息场所。

您应该和当地的应急响应人员共同考虑什么能够帮助社区应急小组，选择一个恰当的地方作为应急中安全的休息场所。

不同的突发事件可能以不同的方式影响到社区中不同的人，所以您应该提前计划好多个备用地点可供选择。

重要的是您需要获得负责人的许可，能在发生突发事件的时候使用这个地方，也要确定应急中对这些地方的使用是在它保险中规定的赔付范围之内。

行动

使用下文紧接的社区应急预案模板第 6 页，本书第 71 页，您可以和当地应急响应人员共同确定若干安全场所，并列出清单。

紧急联系人名单

更新社区应急小组成员的联系方式非常重要，还有社区中其他能在突发事件中提供帮助的人的信息也必须保持最新。最新的联系信息帮助您能最快地联系到每一个人，也能让您和当地应急响应人员更便于确认社区应急小组的成员。重要的是要记住保护好个人信息，只有必要的人才能掌握应急预案中有关个人信息的部分。英国《信息保护法》可以参见下列网址：http://www.ico.org.uk/for_organisations/data_protection/the_guide。

您可能需要画一个电话号码树状图，它可以清楚地显示出联络程序，哪一个人负责联系到程序中下一步骤中的人们。下文紧接的社区应急预案模板里有一个电话号码树状图的例子，见预案第 8 页，本书第 73 页。

行动

使用下文紧接的社区应急预案模板第 7、8 页，本书第 72、73 页，您可以完成您的紧急联系名单和电话号码树状图。

第二步——应急响应要做什么

启动应急预案

在任何突发事件中，如果有生命危险，必须拨打紧急电话 999。

当突发事件发生时，您需要知道如何启动您的应急预案和如何联系志愿者。

您应该在日常工作中让您当地的应急响应机构了解到您社区的应急预案，这是日常应急准备的工作。在大多数情况下，您应该接到当地应急响应机构的电话再启动您的应急预案。在平常的应急准备阶段，您应该已经和当地应急响应机构沟通，知道他们在应急响应时会如何联系您，您应该如何联系到他们，来启动社区的应急预案。

但是，在某些情况下，当地应急响应机构可能无法及时联系到您，要求您启动社区应急预案。因此，您应该有启动方案，决定在什么情况下由社区应急小组决定启动社区应急预案。

例如：

- 您能联系到您当地的应急响应机构吗
- 媒体上发布了什么信息
- 在没有当地应急机构的帮助下，社区应急小组能够安全地开展什么应急工作

将应急中能得到的专业技能、人员支持和资源列出清单，您可以比较清晰地了解到什么是社区应急小组能够安全开展的工作，以协助当地应急机构。

行动

使用下文紧接的社区应急预案模板第 9、10 页，本书第 74、75 页，明确社区预案的启动方案，明确启动应急预案的第一步。

召集应急响应会议

应急响应开始时首先召集工作人员集合，第一次集合开会的议程可以在下文紧接的社区应急预案模板第 11 页，本书第 76 页找到。召集会议只是一个引导，会上您将看到社区应急小组成员和志愿者已经准备好救援。但是，重要的是确保每一个人都保护好自己的安全，必须以互相合作的方式进行救援工作。

行动

使用下文紧接的社区应急预案模板第 11 页，本书第 76 页，写出社区应急响应开始时召集会议的议事提纲。

疏散

突发事件过程中，可能居民需要从自己家中撤离，疏散到安全的地方。找一名应急工作人员负责疏散工作。

您可能还需要以下帮助：

- 上门散发突发事件信息
- 负责管理避难所
- 确认哪些人疏散时需要特殊帮助

行动

使用下文紧接的社区应急预案模板第 12 页，本书第 77 页，列出经由社区应急小组与当地应急响应机构共同商讨认可的，社区应急小组可以采取的疏散行动。

联络

社区应急小组需要讨论如何应对当地联络中断或者联络不畅的情况。您可以使用对讲机或者获得业余无线电社团的帮助。例如，业余无线电爱好者应急网络（the Radio Amateurs’ Emergency Network）。它是英国一个全国范围的无线电志愿服务组织，网站网址是 http://www.raynet-uk.net/。

社区应急小组可考虑在确保社区应急人员安全的情况下派遣社区应急人员上门联络社区居民的方式传达当地应急响应机构的信息。社区应急小组和当地应急响应机构合作确保任何一条由当地应急机构传递到社区的信息必须和当地政府、中央政府发布的信息是一致的。

行动

使用下文紧接的社区应急预案模板第 12 页，本书第 77 页，列出备选的当地联络方式。

第三步——应急预案演练和预案更新

预案共享

制订好应急预案以后，分发给社区每一户居民，并且征集他们的反馈意见。重要的是社区所有的住户认为这份应急预案对他们是有效的。

同样重要的是要将社区应急预案递交给当地政府应急部门、当地应急机构和当地恢复力论坛等。当发生突发事件的时候，他们应用手中的社区应急预案可以知道联络社区中的哪个人，社区应急小组可以提供什么协助等信息。

您能通过当地议会联系到当地政府应急部门。另外，在分发社区应急预案的时候，您还必须记录下哪些人和机构获得了您社区的应急预案，以便当预案更新以后可以按照名单送出最新版本的预案，让对方手中随时掌握最新版预案。

行动

使用下文紧接的社区应急预案模板第 2 页，本书第 67 页，列出需要分发应急预案的人员和机构名单。

检查和更新预案

定期检查预案并更新陈旧的内容，保证预案根据社区的需要进行修改。重要的是预案定期更新才能在突发事件中发挥作用。您或许希望对预案进行一次演练，检验预案在应对突发事件时的效果如何，检查社区应急小组成员和志愿者对自己的任务是否准备好。您应该和当地应急机构合作，使用当地风险评估系统评估社区制订的预案安排。

预案演习可以让您认识到预案中存在的任何小问题。当社区预案进行过演习以后，您就可以全面地检查预案做出更新修改了。预案中的紧急联系名单必须定期更新，确保关键时期使用正确的联系信息。

当预案做出任何修改的时候，您必须记录下每一处修改，以此保证每个人能知道自己正在使用的是最新版本的预案。

行动

使用下文紧接的社区应急预案模板第 2 页，本书第 67 页，记录并维护预案修改的内容。

社区应急机制检查表

下面的检查表提示您是否完成了一份完整的社区应急预案。

- 社区应急小组是否已经建立
- 是否考虑到您可以获得什么帮助和支持，以及从何处获得
- 是否考虑到您的社区可能面临哪些潜在风险
- 对社区已有的专业技能人才和资源进行了评估吗
- 确定社区中可以用于突发事件中应急避难场所的地点了吗
- 确认过社区中可能成为突发事件中的困难群体的居民吗
- 是否制订了社区应急预案启动机制，何种情况下、何时以及如何启动应急预案
- 是否将社区应急预案分发给社区居民和当地应急机构

政府做什么

《社区恢复力国家战略框架》（Strategic National Framework on Community Resilience）列出政府在增进和建设个人、家庭和社区恢复力方面所做的贡献。框架设立了一个项目将支持社区和个人，使得他们能够在面对突发事件和其后果时更有准备。

政府将致力于以下工作：

- 消除因为责任保险和商业保险有缺陷等带来的公众志愿参与方面的障碍
- 提供应急预案编制的相关文件和资料、预案模板和检查目录等，帮助您的社区制订预案，为您希望了解的有关预案和应急准备的信息提供共享信息资源，例如相关的法律和新的基金来源
- 听取您对政府提供的产品和指导的反馈意见，并根据反馈及时做出修改
- 帮助您能及时与您需要的人员和机构取得联系，提供各种途径使您联系到模范的恢复力社区。特别地，政府将支持您参与到地方应急响应机构以及其他社区之间已有的联系网当中
- 让您了解到实时信息，让您获得最新的、精确的信息，从而帮助您在地方层面的决策和执行应急行动
- 在网站上建立相关的网页，与您交流和共享资源
- 在国家层面支持您的工作，听取、学习您的经验
- 从国家相关机构、组织获得有用处的建议并发布，与社区分享，提升国家对社区应急指导的价值

在特定情况下，社区可以要求进一步培训和其他资源，增进当地的恢复力，以应对更复杂和大范围的潜在突发事件。

可以从各种途径获得基金，例如国家、地区层面的组织机构、慈善团体等。下文中有更多的关于基金的信息，列举出一些基金名称和一些可以获得基金的途径。

基金

在特定情况下，您需要额外的基金帮助您增强社区的恢复力。有一些组织、政府部门和慈善团体提供社区组织使用的基金。下面列举出一些搜索工具，帮助您找到最适合您的社区的基金。重要的是通过下面提供的网站链接获得最新信息，确保您阅读正确的申请条件和申请日期。可以从这些基金网站和搜索工具中找到最适合您社区的项目。

基金搜索（Grant Finder）

http://www.grantfinder.co.uk/

6000 条关于基金和政策的信息。

基金中心（Funding Central）

http://www.fundingcentral.org.uk/Default.aspx

关于为社会志愿组织提供基金的信息，包括社区组织，提供 4000 项基金信息，网站还提供资源和方法为社会组织获得稳定的收入来源。

政府基金（Government Funding）

http://www.governmentfunding.org.uk/Default.aspx

为志愿组织和社区提供基金。

彩票基金（Lottery Funding）

http://www.lotterygoodcauses.org.uk/funding-finder

彩票基金是英国所有彩票公司联合建立的网站。可以在网站上搜索全英国最新的有关彩票基金项目的信息。

基金网（Grantsnet）

搜索英国国内基金项目的搜索引擎。

内阁公民社会办公室（Office of the Civil Society）

https://www.gov.uk/government/topics/community-and-society

定期发布新的和现有的基金。

威尔士

http://wales.gov.uk/funding/fundgrantareas/?lang=en

在威尔士，威尔士议会政府（Welsh Assembly Government）提供支持各种组织发展的基金。具体信息可以在其官方网站上找到。

更多信息参见

在英国内阁网站应急管理网页上可以下载到以下文件。

https://www.gov.uk/resilience-in-society-infrastructure-communities-and-businesses。

“应急准备”网页是英国内阁政府网站上开辟的应急管理专门网页，为个人、家庭、社区和商户找到更多如何为突发事件做准备的知识。“应急准备”网页的目的是解答关于个人和社区恢复力的疑问，增长人们对风险和脆弱性的意识。

网页上还列出了如何增进住户应急能力的简单步骤。如果您希望找到关于应急准备的一般性常识，这个网页将提供给您信息。

《社区恢复力国家战略框架》（Strategic National Framework for Community Resilience）列出政府对社区恢复力项目的战略目标。如果您想了解社区恢复力项目如何适应政府全面的发展目标，阅读《社区恢复力国家战略框架》就能获得非常有用的信息。在上面英国内阁网站链接可以下载到该文件。

"应急准备——社区向导"（Preparing for Emergencies – Guide for Communities）向您介绍如何更好地应对突发事件所需要做的应急准备。文件里应用各种案例讲解已经进行恢复力建设的社区的经验。如果您正在筹划如何开始建设社区恢复力，希望得到一些引导，您会发现这个资料非常有价值。也是在上面英国内阁网站链接可以下载到该文件。

需要更多的信息可以写信给内阁的社区恢复力项目，电子邮箱是 community.resilience@cabinet-office.x.gsi.gov.uk。或者邮寄地址是 Civil Contingencies Secretariat, 22 whitehall, London, SW1A 2WH。

常用链接

应急准备

https://www.gov.uk/resilience-in-society-infrastructure-communities-and-businesses

个人和社区恢复力的相关资料的主页。

地方恢复力论坛

https://www.gov.uk/local-resilience-forums-contact-details

网页提供英格兰、威尔士、苏格兰和北爱尔兰的地方恢复力论坛的链接。

《国家风险评估册》（National Risk Register）

https://www.gov.uk/government/publications/national-risk-register-of-civil-emergencies

网站上可下载国家风险评估文件。

国家环境中心

http://www.environment-agency.gov.uk/

联系电话 (044) 08708 506 506

自然灾害的信息，包括洪灾预警。

英国红十字会

www.redcross.org.uk

联系电话 (044)0844 871 11 11

关于突发事件准备的一些简单预防的信息，还有关于如何应对突发事件的建议。

英国皇家女子志愿服务团（Women' s Royal Voluntary Service，**简称** WRVS）

www.wrvs.org.uk

联系电话 (044)0845 601 4670

WRVS 在全国范围内提供的服务，包括应急响应。

圣约翰救护（St John Ambulance）

http://www.sja.org.uk/sja/default.aspx

联系电话 (044)08700 104950

突发事件的救护培训的信息。

英国皇家防止虐待动物协会（The Royal Society for the Prevention of Cruelty to Animals，**简称** RSPCA）

联系电话 (044)0300 1234 555

网站上总结了洪灾中营救宠物的办法。

知情·准备·共同（Informed. Prepared. Together）

http://www.informedprepared.eu/

为发展个人、社区和组织更好地应对突发事件和灾害的能力，提供资源、信息和实践工具的网站。

业余无线电爱好者应急网络（the Radio Amateurs' Emergency Network，**简称** RAYNET）

http://www.raynet-uk.net/

英国全国范围的无线电志愿服务组织，为社区提供无线电联络服务，成员拥有无线电执照。

术语

社区恢复力（Community Resilience）

当发生突发事件时，社区和个人运用当地资源和专业技术人才帮助自己，从而协助应急工作。

《社区风险评估册》（Community Risk Register）

本地风险评估，并获得当地地方恢复力论坛的认定。由当地的地方恢复力论坛汇总、维护和发布。

突发事件（Emergency）

在英国国内一个事件或者一个情况发生，导致严重的损坏，威胁到人类福祉；英国国内发生的环境灾害；在英国发生的安全事件。突发事件也会发生在家里，例如火灾、锅炉爆炸、水暖管爆裂等。

地方应急响应机构（Local emergency responders）

您所在地负责应对突发事件的机构。包括消防、警察、救护，也包括地方政府和其他机构。

地方恢复力论坛（Local Resilience Forum, LRF）

根据 2004 年国内应急法案（the Civil Contingencies Act 2004），在英格兰和威尔士各地，主要的地方应急机构和特定的机构建立的一个组织，旨在履行应急法案当中规定的应急工作。

《国家风险评估册》（National Risk Register）

内阁根据政府对英国国内潜在风险的评估制定的一份报告。

应急避难所（Rest centre）

地方政府指定一座建筑物用于疏散者的临时休息之处，可能包括过夜住处。

风险（Risk）

测量潜在突发事件发生的可能性和后果影响的程度。

附录：

[填写您的社区的名字]社区应急预案

预案最新更新日期：　年　月　日

如何使用本模板：设计本模板的目的是用于帮助您编写社区应急预案，您只需按照模板填写您社区的具体情况即可形成社区应急预案。模板中给出了填写说明，表格中有填写的例子，可以帮助您填写模板。更细致的填表说明可以阅读社区应急预案软件包使用说明。原文可以在英国内阁政府网站下载。网址是https://www.gov.uk/resilience-in-society-infrastructure-communities-and-businesses。

紧急情况请拨打电话 999

预案第 1 页

本预案分发名单

名字	职务	电话 / 电子邮箱	分发日期
应急管理女士	本地政府应急预案专员	020 1234 5678	01/01/2011
福拉德女士	本地洪水监控员	floods@anytown.uk	

预案修改登记表

本次修改日期	预计下次修订日期	详细的修改内容	修改负责人签字
年　月　日	年　月　日	增加附件 ×	社区应急协调人
年　月　日	年　月　日	增加新的社区应急小组成员	社区应急协调人
年　月　日	年　月　日	更新志愿者的具体细节	社区应急协调人

预案第 2 页

目　录

地方风险评估

风险	后果对社区的影响	社区应急小组能做什么准备？
例如： 流经本村的河流有可能发洪水	• 淹没本地道路 • 阻断与市政府的联系 • 损毁财产	• 鼓励居民对自家增强洪灾防范 • 和当地应急机构合作，看看当地应急机构能否帮助发布洪灾预警和建立疏散及安全避难处 • 确认现有的洪灾防护措施，确认本地现有的预案

预案第 4 页

本地专业技能人员和资源评估

专业技能和资源	姓名	联系方式	地址	不能参与应急的时间
受过急救培训	桑迪·福特曼	01700 5668××	布鲁克韦尔街17号	平常可以离开工作岗位1小时以内
有辆四驱越野车	鲍勃·索思沃尔德	01700 5648××	主街后修车厂	周二早晨（原来就是志愿者）
有电动锯（树木修整专业人士）	西门·查尔摩斯	01700 5605××	西门风景建筑公司——平台院4号	可能需要从户外作业地点赶到应急现场
水和食品供应	村商店	01700 5608××	主街2号	商店周三歇业，可电话联系店主

预案第5页

应急部门确认的用于安全避难场所的关键地点

建筑物	地点	突发事件中的用途	钥匙保管员的联系方式
例如：教堂	教堂广场 1 号	休息室 / 安全避难处	科林·摩斯沃斯——看门人 07749 8557××
华特利中心高中学校	华特利街	休息室 / 安全避难所	珍妮·舒尔曼——管理员 07749 8655××

预案第 6 页

应急联系人名单

<table>
<tr><td rowspan="5">照片</td><td>名字：保罗·李奇维</td></tr>
<tr><td>职务：社区应急协调人</td></tr>
<tr><td>24 小时联系电话：07700 7785××</td></tr>
<tr><td>电子邮箱：××@××.××</td></tr>
<tr><td>地址：布鲁克路 2 号</td></tr>
<tr><td rowspan="5">照片</td><td>名字：</td></tr>
<tr><td>职务：</td></tr>
<tr><td>24 小时联系电话：</td></tr>
<tr><td>电子邮箱：</td></tr>
<tr><td>地址：</td></tr>
</table>

预案第 7 页

电话联系树状图模板

电话联系树状图的工作机制像一个金字塔。最顶端是社区应急协调人，联系到两个或者更多的人。协调人通知到的人再按照指定的安排继续通知其他人，这样逐次通知下去。直到通知到树状图末端，通知完成。

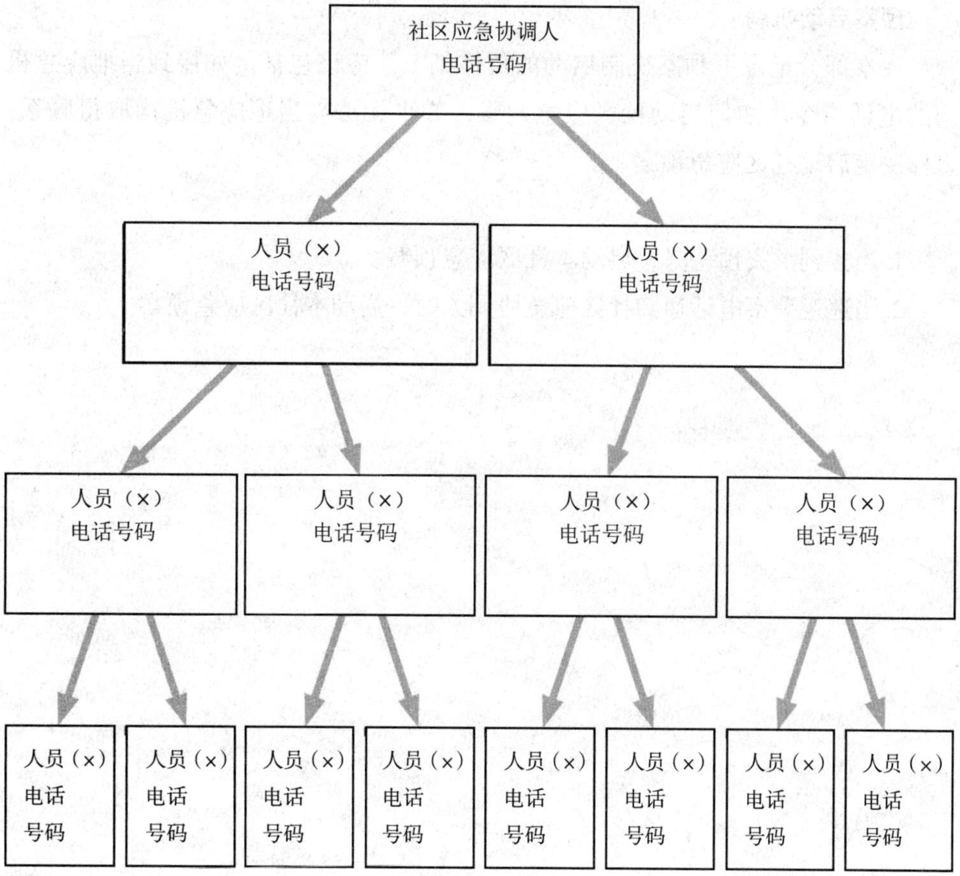

预案第 8 页

帮助确认突发事件中的困难群体的社区组织列表

组织	联系人	电话号码
市镇老年中心	当班工作人员	07800 555××××

预案启动机制

在本部分记录下预案机制启动的具体细节。应该包括例如接到当地应急机构的电话指令后如何启动社区应急预案，如果无法与当地应急机构取得联系，怎样决定启动社区应急预案。

1. 当接到洪灾预警时，启动本社区应急预案。
2. 当巡逻警察电话通知社区应急协调人时，启动本社区应急预案。

预案第 9 页

突发事件应对的第一步

在表格中填写启动应急预案后的逐步应急措施

	指　　令	备注
1	拨打紧急电话 999（除非已经预警）	
2	确认您没有处于紧急危难当中	
3	联系社区应急小组，召集讨论当前情况	
4		
5		
6		
7		
8		
9		
10		

预案第 10 页

突发事件发生时，社区应急小组首次开会提纲

日期：

时间：

地点：

参会者：

1. 目前的情况是什么？

突发事件的具体位置是否在以下地点附近：

- 学校
- 脆弱地区
- 主干道

突发事件类型：

- 是否威胁到生命
- 水、电、气是否受到影响

是否有困难群体在突发事件中？

- 老年人
- 有孩子的家庭

我们需要什么资源？

- 食品
- 越野车
- 毯子
- 帐篷

2. 与应急响应机构建立联络。

3. 我们如何协助应急响应机构？

4. 我们现在能够安全地采取哪些行动？

5. 由谁负责目前我们采取的各项行动？

6. 还有其他的议题吗？

预案第 11 页

与应急响应机构协商一致的突发事件疏散行动

如果社区需要疏散，列出您协助应急机构所采取的具体行动。

1. 帮助警察和地方政府到各家上门通知。
2. 告诉应急机构需要特殊帮助的家庭的信息。

备用联络办法

联络途径	联络人	地址
无线电	本市无线电志愿服务组织——约翰·斯普林斯顿	落叶大道 22 号

预案第 12 页

三、政府对居民清理冰雪的声明

很多居民希望政府能够保护他们的善举，不会在帮助他们的邻居或者朋友的时候担心遭到起诉。英国政府采取了一些措施和办法保护居民的志愿行为，帮助社区应对突发事件时行动能够更自由。例如，英国政府出台了一项关于居民在雪灾中清理冰雪的声明。声明的全文如下：

居民志愿清扫人行道上的冰雪[①]

如果您为防止您和他人滑倒或摔跤而清扫您屋外和公共空间的冰雪，交通部（Department for Transport）给您提出建议。以下是清理冰雪的方法，帮助您安全地清扫冰雪。

清理冰雪方法（The Snow Code）——如何清扫您屋外和公共空间的冰雪

不要因为担心有人因为您清理冰雪而受伤就打消您清扫路面的念头，请记住，每个人在冰雪上行走时有责任照顾好自己。以下提供的方法确保您安全、有效地清扫路面的积雪和冰。请不要相信传言，如果您认真清扫路面的冰雪，您不会因为任何人受伤而受到起诉或者承担法律责任。

白天趁早清扫冰雪

刚下的雪很松软，这时更容易清扫。如果地上的积雪很长时间不清扫，有可能被行人踩实，很难铲除干净。所以，如果有可能，在早晨清扫冰雪。如果您在早晨清扫了冰雪的最上层，白天的时候阳光会融化下层的冰雪。您可以在傍晚之前在路面上撒盐，防止夜晚积雪结冰。

使用盐或沙子，不能用水

结冰会让路面更危险，请防止积雪结冰。如果您使用泼水的方法融化积雪，雪水会结成硬而滑的透明冰层。因为它是透明的，不容易看见而且非常滑，所以会增加滑倒摔伤的危险。

---

① 英国气象局网站 http://www.metoffice.gov.uk/learning/get-ready-for-winter/out-and-about/the-snow-code。

您可以在冰雪上均匀地撒上盐，撒盐可以融化积雪并防止结冰。用普通的清洁用盐即可。一平方米均匀地撒一大勺的盐量。

请注意不能使用专用桶装盐（Salting bins），因为在您融化冰雪的时候，还需保持路面的干净。也可以听取您当地管理部门的建议，或主动联系他们进行咨询。

小心不要把盐撒在植物或者草地上，盐可能会损伤它们。

特别注意清理台阶和陡坡上的冰雪，这些地方更容易滑倒，可以在这些地方多撒一些盐。

如果您没有足够的盐，可以用沙子和烟灰代替。虽然它们不能像盐那样有效地防止结冰，但是沙子和烟灰能增加脚下的摩擦力，防止滑倒。

积雪搬运的地方

当您铲除冰雪的时候，要注意堆放冰雪的地方不能妨碍行人通过。您最好首先在人行道的中间铲除冰雪，清理出一条窄道供行人通过。然后，从中间向人行道的两边方向清理冰雪。

帮助清理邻居家的人行道

如果您的邻居出入房子有困难，请帮助清理邻居房子周围的冰雪。拜访老年和残疾的邻居，看看他们在严寒天气中是否还好。如果您仍然不放心，您可以联系他们的亲戚或者朋友，如果有需要，可以联系地方政府机构。

冬季预防的更多信息

访问“为过冬做准备”（Get ready for winter）网页，您能找到更多信息和建议。这些都是简单的事情，但是您可以学来帮助您和您的家人在严寒天气中保暖、保持健康和安全。

您的地方政府提供的冬季服务

您的地方政府为您提供很多冬季服务，如在您的居住地清扫人行道和公路的冰雪。了解详细的政府冬季服务，请点击以下链接。

链接 1：查找您的地方政府网站

链接 2：了解您的地方政府提供的清理冰雪服务

以上是在英国气象局网站上公布的居民志愿清理冰雪声明。声明的最后是两个链接，点击进入查找网页，找到居民所在的地方的政府机构，以及他们提供的各项冬季服务。根据国家统一发布的清理冰雪声明，各个地方撰写了适合当地的声明。各地的清理冰雪声明也都公布在地方政府网站上。例如，艾瑟县政府网站上公布的声明[①]除上述统一内容以外，还增加了一些内容。

不能使用热水——热水能融化积雪，但是同时融化的雪水会结成硬而滑的透明冰层，增加摔伤的危险。

盐的用量是一平方米撒一捧盐（大约 20g）

黄色盐桶规格的盐是盐和沙混合物，专门用于公共高速路清除冰雪。您清扫您家的车道和人行道上的冰雪，请在建材商店或者在提供自己动手（DIY）的材料商店购买盐，也可用清洁桌子或餐具的盐。

选择合适的工具

- 轻便的塑料铲雪铲子或者宽刃铲子（wide bladed shovel）是最适合的工具
- 普通的金属材质的铲子是次选工具，雪会粘在金属铲子上，没有上面建议的两种铲子好用
- 如果您使用的盐足够细，可用草坪播撒机或者草坪肥料播撒机喷洒盐
- 确保您在下次使用机器播撒草坪之前完全清洗干净机器，以防残留的盐损害草坪
- 您也可以用舀子或者园艺铲手工撒盐
- 可以用一个手推车运工具、运盐和运积雪

照顾好您自己

最重要的事情是在清理冰雪的时候照顾好您自己。如果您觉得不适，请立即停止手上的活儿。

合适的衣服自不必说，靴子、长筒雨靴、防水保暖的衣服。25%的热量从您的头和手上散发出去，因此需要戴帽子和手套。如果您在路边干活，请您穿着交通反光背心或者反光夹克，确保您非常明显，保证交通安全。

---

① 艾塞克斯郡议会网站 http://www.essexhighways.org/Winter-Maintenance/Cleaning-snow-and-ice-yourself.aspx。

四、学校应急预案[①]

诺丁汉郡议会（Nottinghamshire County Council）应急管理工作者们根据他们实际工作经验建立了学校应对突发事件的工作文件包。突发事件应对文件包的目的是减轻学校建立、培训、实践和检验学校应急预案的负担。诺丁汉郡议会为制作文件包而广泛地咨询了英国国内教育和应急方面的专家们。文件包可以在项目网站免费下载。下载网址是 http://www.schoolemergencies.info/coping_with_a_school_emergency.php。文件包有：应急准备部分、风险评估部分、应急培训部分、实践和演练部分、预案回顾和修改部分。每部分的具体文件和文件的格式见下表。

表：学校应对突发事件工作文件包中的文件列表

应对学校突发事件 学校突发事件预案模板（.doc 文本格式） 学校突发事件预案模板使用向导（.pdf 演示文稿格式） 帮助文件（.txt 文本格式）	培训 应急便携袋演示（.pdf 演示文稿格式） 实地参观（.pdf 演示文稿格式） 培训一般常识（.pdf 演示文稿格式） SEMT 培训（.pdf 演示文稿格式）
风险评估 风险（.doc 文本格式）	实践与演练 桌上模拟演练——校车事故（.doc 文本格式） 桌上模拟演练——恶劣天气（.doc 文本格式） 桌上模拟演练——烟雾火苗（.doc 文本格式） 桌上模拟演练——食物中毒（.doc 文本格式） 演练预案文件（.doc 文本格式）
预案 预案文件分发记录（.xls 表格格式） 应急便携袋物品清单（.doc 文本格式） 学校服务供给影响分析（.doc 文本格式） 应急准备建设记录表（.doc 文本格式）	预案检查和修改 报告表格（.doc 文本格式） 行动计划（.doc 文本格式）

① 系列资料下载自艾塞克斯郡议会和诺丁汉郡议会合作的学校恢复力项目网站。网站网址是 http://www.schoolemergencies.info/coping_with_a_school_emergency.php。

< 在这里填写学校名称 >

应急预案

本预案属于机密文件。请不要将任何联系人信息和机密信息交给媒体、学生、学生家长、学生看护人、公共机构的成员以及其他人等。

机密——仅供 < 在这里填写学校名称 > 使用

预案管理信息	
预案版本编号	
预案编制日期	
索取电子版预案	填写预案保管负责人 / 负责机构名字、联系方式等
索取纸版预案	填写预案保管负责人 / 负责机构名字、联系方式等
应急便携袋存放处（可放置多处）	
下一次评估修改预案日期	
评估修改预案负责人	

目　录

第1部分——联系信息

1.1 学校信息

学校信息	
学校名称	
学校类型	
学校地址	
工作时间（包括扩展服务时间）	
教工人数	
学生人数	
学生年龄段	

办公室联系信息	
学校联系人办公室电话	
学校联系人办公室传真	
学校联系人电子邮箱	

有用的网站	
学校网站 / 对外网站网址	
地方政府	
英国教育部	www.education.gov.uk
英国外交与联邦事务部	www.fco.gov.uk
英国环境中心	www.environment-agency.gov.uk
英国气象局	www.metoffice.gov.uk
英国安全与健康执行局	www.hse.gov.uk (Health and Safety Executive)
教师帮助网	www.teachersupport.info

1.2　学校管理者和工作人员联系信息

表格中标有*的一列空出来留到发生突发事件时填写，或许到时需要记录备用联系信息。

姓名	工作职务	学校应急管理小组中的任职（如果参加）	联系信息	备用联系信息*	备注（如，有急救资格证）

1.3 扩展服务联系信息

表格中标有 * 的一列空出来留到发生突发事件时填写，或许到时需要记录备用联系信息。

姓名	扩展服务类型 / 内容	可提供服务的时间	联系信息	备用联系信息 *	备注（如，钥匙保管员）

1.4 地方政府联系信息

表格中标有 * 的一列空出来留到发生突发事件时填写，或许到时需要记录备用联系信息。

机构 / 组织名称	联系人姓名 / 职务	联系信息	备用联系信息 *	备注
紧急电话		999		
儿童服务中心				
媒体				
物业管理 / 学校房产所有者				
交通				
餐饮供应商				
教学参观地				
政府应急部门				
安全与健康执行局				
风险 / 保险公司				
法律机构				
人力资源				
教育心理				
职业保健				

1.5 本地电台联系信息

表格中标有 * 的一列空出来留到发生突发事件时填写，或许到时需要记录备用联系信息。

电台	联系人姓名 / 职务	联系信息	备用 联系信息 *	备注 （如，广播覆盖范围，调频）

1.6 其他组织联系信息

表格中标有 * 的一列空出来留到发生突发事件时填写，或许到时需要记录备用联系信息。

机构 / 组织名称	联系人姓名 / 职务	联系信息	备用联系信息 *	备注
警察局		999		
消防		999		
救护车		999		
英国教育部		咨询电话： 0370 000 2288		
英国外交与联邦事务部(Foreign & Commonwealth Office)		领事助理： 020 7008 1500（24 小时）		国外，请拨打： +44 20 7008 1500
英国环境中心		洪灾专线： 0845 988 1188（24 小时）		
英国气象局（Met Office）		客服中心： 0870 900 0100（24 小时）		
安全与健康执行局		信息专线：0845 345 0055 事故联系中心： 0845 300 9923 值班室： 0151 922 9235（24 小时） 值班信息员： 0151 922 1221（24 小时）		

续表

机构 / 组织名称	联系人姓名 / 职务	联系信息	备用联系信息 *	备注
保险公司				
工会				
交通				
餐饮				
清洁				
临时工				
煤气供给				
水供给				
电力供给				
暖气供给				
教师帮助网站		英格兰： 08000 562 561（24 小时） 威尔士： 08000 855 088（24 小时） 苏格兰： 0800 564 2270（24 小时）		教师帮助网可以为教育工作者及他们的家庭提供实际和情感帮助

1.7　联系信息——用于突发事件响应期间

本表格空出来留到突发事件发生时填写，登记突发事件响应时附加需要的联系信息。

名字	联系信息	备注

第 2 部分——启动

2.1 突发事件信息发布

关于突发事件的信息可能有多个来源（例如，学校教职工、学生、学生家长 / 看护人、社会上其他人、应急机构、政府）。无论谁接到报警，都应该要求对方提供尽可能多的信息，并做详细记录。

- 使用本表格或者日志本保持对每一个应急行为做记录。如果有新的联系人，请用第 1 部分的联系信息表格登记
- 给予支持和安慰，要知道所有直接或间接卷入突发事件的人可能都在经历惊慌和不安
- 证实所发生的事情，搜集尽可能清晰确凿的信息
- 研究需要采取什么行动，由谁负责和执行

突发事件标题：

____

提供消息的人的联系信息：

____

得到消息的日期和时间：

____

突发事件发生的日期和时间：

____

突发事件具体发生地点：

____

____

____

突发事件详细信息：

____

____

____

目前相关信息由谁掌握？信息将传递给谁？

____

____

____

卷入事件的人有哪些（包括名字、伤势、这些人所在位置、计划将这些人安置在什么地方）：

____

____

____

怎样恰当地安置没有直接卷入突发事件的人？

____

____

____

政府应急机构给出什么建议？

____

____

____

已经通知到谁？

□ 校长	□ 警察局
□ 学校员工	□ 消防
□ 学校管理者	□ 救护车

□ 学生
□ 学生家长 / 看护人
□ 扩展服务机构
□ 地方政府
□ 安全和健康执行局
□ 英国外交与联邦事务部
□ 媒体
□ 保险公司
□ 工会

还需要通知其他哪些人？

____

____

____

还需要采取哪些行动？

____

____

____

- 如果突发事件发生在教学参观地点，请查明以下内容。也许您已经掌握这些情况，但是再次确认将更有帮助

教学参观负责人的名字：

____

教学参观的类型：

____

教学参观的学生人数：

____

教学参观的教职工人数：

____

教学参观地点：

____

____

____

如果突发事件发生在国外，需要通知英国外交与联邦事务部吗？

____

____

____

2.2 首要的应急响应行动

立即通知校长或者学校管理者和工作人员联系名单当中的人。如果都无法取得联系（他们也许都被卷入到突发事件当中了），现场高级别职位者根据以下指示做应急处理。

- 评估当前的情况，建立基本的突发事件概述记录
- 采取紧急行动保护学生、员工和现场其他人
- 照顾伤者，如果有急救人员，则采取恰当的急救
- 如果需要，拨打 999 接通应急服务，并提供突发事件的概述。如果不确定当时的情况，则拨打 999

突发事件响应的各个应急机构会互相联络，同时学校可考虑与每一个应急机构直接沟通。直接沟通可以确保每一个服务机构掌握他们需要的信息以便实施恰当的响应。

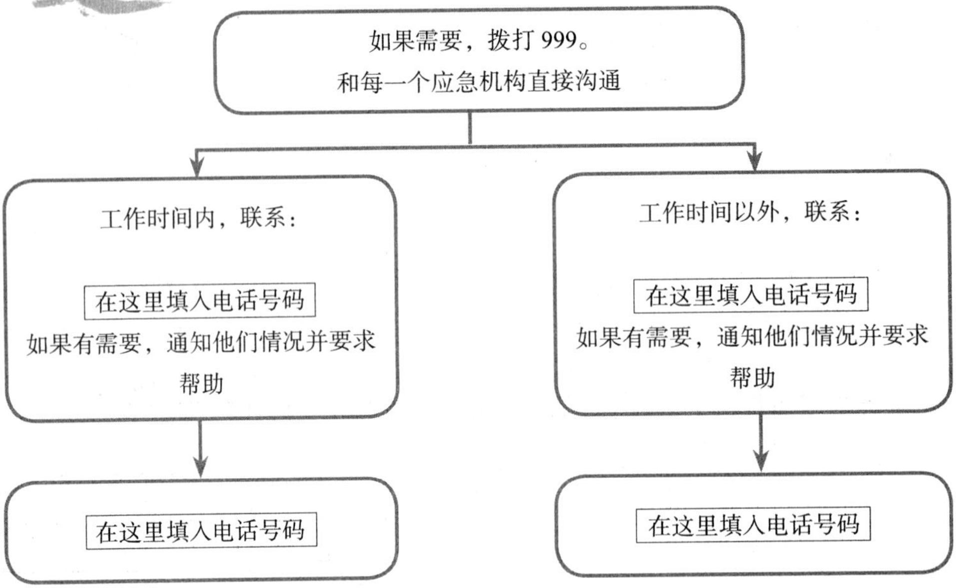

联系信息只用于处理突发事件。不要将联系信息传播给媒体、学生、学生家长/看护人或者社会上其他人。

- 拿来所有需要的物品和设备（例如，急救箱、应急便携袋）
- 记录所有的联络和行动
- 通知学校相关工作者。考虑成立学校应急管理小组协助应急响应
- 如果需要，参考联络信息寻求其他帮助
- 如果可能的话，避免学校停课，尝试保持学校正常运转

第3部分——角色与责任

3.1　角色与责任——协调工作

编号	协调工作——第一步响应行动	标记/签字/时间
C1	建立一份基本的突发事件概述。	
C2	如果突发事件发生在教学参观时： • 与参观领队定期保持沟通 • 考虑派遣一组工作人员支援参观领队处理事件 • 与参观领队商量做好向学生家长/看护人的通知工作 • 考虑集合学生、学生家长/看护人的办法	
C3	如果可以，指派学校应急管理小组人员负责以下工作： • 维持学校正常运行 • 联络沟通 • 工作日志记录 • 负责媒体 • 资源 • 福利	
C4	记住： • 在学校应急管理小组内部分配工作 • 确认工作组内每人都清楚自己的工作 • 建立工作组工作日志，定时制作工作简报 • 要求工作人员做好行动和决策的工作日志 • 指派一名日志管理人，为指挥核心小组提供即时信息	
C5	通知所有工作组成员，确定工作组定期了解到事件和处置进展，确定工作组人员接到任务	
C6	采取保护财产的行动	
C7	如需要，与其他应急机构和组织保持紧密联系（例如，政府应急部门，地方政府）。为现场工作人员提供准确和真实的信息	
C8	确定所有学生、教工和其他相关人员的去向（使用时间表、登记表、访客留言簿等可能有所帮助）。确定应急机构登记了所有下落不明者	
C9	如果需要，通知学校理事	
C10	制定与卷入事件的学生和其他人的恰当联络方式。如果事件非常严重（例如有死亡），联络警察通知当事人最近的家属	

编号	协调工作——第二步响应行动	标记 / 签字 / 时间
C11	作为应急响应的主要协调人进行工作。继续和应急机构 / 组织保持联络	
C12	继续在学校应急管理小组内安排工作。小组内工作保持紧密联系，协调小组内的工作，解决随时出现的复杂问题和困难	
C13	如果应急响应持续相当一段时间，要制订轮班计划	
C14	确保定期简报发布给： • 工作人员 • 学生 • 学生家长 / 看护人 • 学校管理者 • 其他相关服务人员	
C15	与负责媒体接待的工作人员保持紧密联系，定时提供简报给媒体。如果需要，从多个途径寻求援助	
C16	检查是否涉及突发事件的每一位需要通知的人都能获得传递的信息	
C17	有严重伤情或者死亡，尽快通知健康与安全执行局	
C18	如果需要，向法律和保险人士咨询专业问题	
C19	如果突发事件涉及犯罪或者需要火灾原因调查，联系警察或消防人员寻求帮助和咨询	

编号	协调工作——恢复	标记 / 签字 / 时间
C20	作为恢复工作的主要协调人开展工作。继续在学校应急管理小组内部和其他需要的人员安排工作	
C21	保证恢复工作所需的资源能得到提供，附录 1 是恢复工作所需资源的信息	
C22	和负责修复工作中协调资源的人员保持紧密联系。如需要，联系保险公司、抢修队、保险公司的定损员等	
C23	完成本次突发事件的文件整理工作	

续表

编号	协调工作——恢复	标记 / 签字 / 时间
C24	给本次应急响应的学校教职工安排一次工作汇报	
C25	代表学校在其他地方对本次应急工作做汇报，例如地方政府或者地方恢复力论坛等组织的会议等	
C26	根据本次事件，检查学校应急预案，进行必要的修改	
C27	可考虑联系附近学校的校长，就本次事件中重要问题进行交流，互相借鉴	

3.2 角色与责任——维持学校正常运行

参见附录 2 有关于维持学校正常运行的详细信息。

编号	维持学校正常运行——第一步响应行动	标记 / 签字 / 时间
BC1	评估突发事件的类型，例如： • 公共设施的损毁情况 • 各种供应受到的影响 • 房屋建筑的损毁情况 • 人员的情况 • 通讯的情况	
BC2	确认突发事件给学校的正常运行造成哪些影响。尝试去判断这些毁坏之处将持续的时间	
BC3	估计突发事件将影响到哪些学校的扩展服务内容，这些服务需要使用被损毁的设施或建筑。如需要，和这些服务的负责人取得联系	
BC4	在保证安全的情况下，尝试恢复重要的文件、档案、设备等，可以向应急机构咨询	
BC5	可以请文件修复的专业人士帮忙	

编号	维持学校正常运行——第二步响应行动	标记 / 签字 / 时间
BC6	将事件对教育的影响减至最小。做适当安排尽量保持学校照常运行，如上课、考试等	
BC7	从各种途径寻求支援，例如兄弟学校、地方政府、合作对象等	
BC8	与负责沟通的工作人员保持联系，确保学校运行中的调整发布到每一个学生、学生家长 / 看护人和教工	
BC9	公共卫生事件，例如大范围流行性感冒，需采取传染控制的办法，增强清洁机制和工作	

编号	维持学校正常运行——恢复	标记 / 签字 / 时间
BC10	与学校教职工和其他组织合作，保持学校在紧急状态下能正常运行	
BC11	如果有条件，可以做适当安排进行远程教学	
BC12	列出损毁设备的清单。安排重要设备、文件等的维修、恢复和替换	

3.3 角色与责任——沟通

参见附录 6 有关于沟通机制的详细信息。

编号	沟通——第一步响应行动	标记 / 签字 / 时间
CO1	给呼出和呼入电话分配不同电话号码。如需要，多增加若干部呼入电话	
CO2	如设置有电话自动留言机，定时提取留言。可考虑将设置自动留言的电话号码定为专用呼入电话	
CO3	为工作人员提供任何为沟通所需要的支持	
CO4	将通信上遇到的困难通知到相关人员，例如所在区域手机信号微弱等	

编号	沟通——第二步响应行动	标记 / 签字 / 时间
CO5	确保定时提供信息给： 学生 学生家长 / 看护人 学校管理者 其他扩展服务负责人	
CO6	制定一个最有效的学生 / 家长或看护人联络的办法（参见附录 6）。做好沟通记录	
CO7	确认负责媒体部分的工作人员始终与当地电台保持联系	
CO8	定时更新学校的电话自动留言机，防止内存已满不能接收新的留言	
CO9	协调人员发信给学生家长 / 看护人。信的内容大致包括： 发生了什么事情 您家的孩子是否被卷入其中 为保护学生，采取了什么行动 负责与学生家庭联络的学校办公联系信息	
CO10	重大突发事件，向当地政府寻求帮助。当地政府可能会根据需要使用公共资源建立一条电话专线	

编号	沟通——恢复	标记 / 签字 / 时间
CO11	定时给学生、学生家长 / 看护人提供简报	
CO12	有条件，可以向“维持学校正常运行”的负责人提供远程教学的协助	
CO13	确认社会上传播的有关信息（例如互联网上传播的内容）是否准确并定时更新	

3.4　角色与责任——记录工作日志

参见附录 8 有关于沟通机制的详细信息。

编号	记录工作日志——第一步响应行动	标记 / 签字 / 时间
LK1	学校应急管理小组进行应急响应工作需要记录工作日志。记录重要的信息、行动和决策	
LK2	每一位小组的成员都需要记录自己的工作日志	

编号	记录工作日志——第二步响应行动	标记 / 签字 / 时间
LK3	为学校应急管理小组提供行政办公上的支持	
LK4	详细记录送往医院的人和经由应急机构救助的人的信息和情况	
LK5	学校的财务支出要做详细具体的记录	

编号	记录工作日志——恢复	标记 / 签字 / 时间
LK6	汇总整理所有的工作日志。如果需要，做好备份	
LK7	确定资料安全保存。资料作为内部机密文件供将来工作中查阅、参考等使用（例如，汇报工作、询问有关资料等）	

3.5 角色与责任——媒体管理

编号	媒体管理——第一步响应行动	标记 / 签字 / 时间
M1	向其他机构和组织（例如应急机构、地方政府）寻求帮助，以满足媒体的要求	
M2	确定媒体接触事件的现场、学校员工和学生在可控制局面内。不要让媒体进入事件现场或者接触学生，除非有特殊原因得到许可的情况可以让媒体以恰当方式接触事件。如果有需要，可以向警察寻求支持	
M3	在远离学校主要入口的地方划定一块媒体区域，可以不妨碍应急工作进出学校或惊扰进出学校的人们	
M4	以学校的名义撰写专门发布给媒体的简报，以求让公众感觉安心。发布给媒体的信息必须严格限制，在事实已经查清和已经通知到所有学生家长 / 看护人以后才能发布给媒体	
M5	指派一位恰当的人作为新闻发言人，人选最好受过新闻学专业训练。如果学校里找不到合适的人选，可以将新闻发言人的工作交由政府或者警察负责	
M6	准备好接待媒体的采访	

编号	媒体管理——第二步响应行动	标记 / 签字 / 时间
M7	制定进一步对策以应对媒体的要求。和媒体保持紧密联系，了解他们需要什么信息以及何时交给他们	
M8	视情况，以恰当方式从学校应急管理小组、应急机构，以及其他组织等各处汇总信息	
M9	向媒体定时提供事件进展等信息。确定发布给媒体的信息必须准确、一致、可靠。所有给媒体的信息在发布之前必须再检查并取得各应急机构以及相关人员 / 机构等一致确认	
M10	提醒学校工作人员媒体采访的目的。要求工作人员、学生和学生家长 / 看护人接触媒体时避免散布谣言和炒作	
M11	尝试采取办法阻止不符合实情的信息的传播，特别是通过电话或者闲聊等途径	

编号	媒体管理——恢复	标记 / 签字 / 时间
M12	定期发布给媒体恢复进展情况。树立学校正面的、值得信赖的公众形象	
M13	学校需认识到媒体对纪念活动、纪念日等感兴趣	

3.6　角色与责任——资源

编号	资源——第一步响应行动	标记 / 签字 / 时间
R1	采取行动保护财产。考虑暂停公共供给	
R2	确保应急服务到达、进出学校无障碍。可以考虑派遣一人到学校门口维持交通畅通，防止有人将车停在不合适的地方影响应急的交通	
R3	告知应急机构，学校内所有易发生二次危险的地方，例如石棉、化学试剂存放室等。可考虑提供给相关人员一份有详细信息的学校地图	
R4	和学校相关部门的人、应急机构合作控制学校的进出： • 通知学校教职工和管理者，或许进出学校需要验证身份或者应急机构许可 • 给需进出学校的校外人员佩戴工作牌，并要求他们进出登记 • 确保媒体接触现场在可控范围	

编号	资源——第二步响应行动	标记 / 签字 / 时间
R5	与相关的公共资源供给的负责人保持联系	
R6	建立一个安全场所协助应急响应，例如： • 学校应急管理小组指挥室 • 学生家长 / 看护人接待室 • 媒体接待室	
R7	与提供设备和资源的工作人员和其他相关组织保持紧密联系。设备和资源可能牵涉到关闭或者开放学校内的某些部分地方	
R8	确保学校内突发事件以外的其他地方的安全。例如，可以在危险地区放置临时隔栏，破碎的玻璃尽快处理或用木板封好等	
R9	和维持学校正常运行的工作人员保持联系，给有需要的人安排临时食宿	

编号	资源——恢复	标记 / 签字 / 时间
R10	与负责协调的工作人员保持紧密联系，组织修补工作。联系保险公司、文件恢复专业人士、保险公司定损员等	
R11	安排恢复工作相关人员视察被毁坏的地方，例如应急机构、公共资源供给机构、地方政府的负责人等	
R12	如果需要，安排临时教室	

3.7 角色与责任——福利

编号	福利——第一步响应行动	标记 / 签字 / 时间
W1	根据学生、学校员工、学生家长 / 看护人、学校访问者和应急响应人员的需要，建立福利安排	
W2	确认有个别要求的学生： • 特殊教育需求的学生（Special Educational Needs，简称 SEN） • 有医疗需求的学生 • 有个人紧急疏散预案的学生（Personal Emergency Evacuation Plans，简称 PEEPs） • 任何特别脆弱或者严重受到影响的学生，例如直接卷入突发事件的学生、目击事件的学生	

编号	福利——第二步响应行动	标记 / 签字 / 时间
W3	确定所有需要的实际保障和情感的支持。持续监护和安慰受到突发事件严重影响的人	
W4	安排学生和他们的家人会合。指派一名工作人员在现场接待学生家属	
W5	以最小单位组织学生，按每个单位通知学生发生的突发事件。考虑用最恰当的方式传达坏消息。如有悲剧发生，可向教育心理学专家咨询什么是恰当的通知方式，以及如何安慰学生	
W6	在学生离开学校之前，每一个学生都应该被问到是否还好	
W7	要考虑到宗教和文化的因素。有需要，可以联系社区里的宗教工作者寻求帮助	
W8	确保处理突发事件的工作人员轮流休息	

编号	福利——恢复	标记 / 签字 / 时间
W9	参见附录 1 有详细信息关于福利安排和事件之后的支持	

3.8　角色与责任——教学参观领队

编号	教学参观领队——第一步响应行动	标记 / 签字 / 时间
E1	确认所有参加教学参观的学生和教职工的去向。确定应急机构了解下落不明者的信息	
E2	立即联系校长或者学校负责突发事件的管理者，要求支援。如果在国外，记清国家区号	
E3	写出突发事件基本情况概述。确保提供给到现场支援的应急响应者准确、真实的信息	
E4	为到现场给学生和教职工提供福利的人员准备好会合安排	
E5	确认现场是否有特殊教育需要的学生和任何一名特别脆弱的学生。通知应急服务人员现场的学生和教职工所需的医疗条件和必需品	

续表

编号	教学参观领队——第一步响应行动	标记 / 签字 / 时间
E6	确定需要救治的学生有随行教职工陪伴，也要巡视其他所有人是否安全，即使没有受伤的人也要照顾到。不要让任何人单独行动。尽量保持成年人与学生人数达到一定比例	
E7	确定工作人员各司其职，要求每个工作人员记录自己的行动和决策	
E8	保持重要信息、行动和决策做到随时记录	
E9	保留每一项重要的资料和物品，例如： • 联系信息 • 同意书、许可证明，包括医疗信息、近亲属信息等 • 地图 • 交通票证 • 保险单 • 身份证明文件 • 如在国外，护照	
E10	避免向媒体做评论，除非学生家长 / 看护人都已经被通知到	
E11	不要与其他人讨论法律责任	

编号	教学参观领队——第二步响应行动	标记 / 签字 / 时间
E12	定时评估学生和随行教职工的危险。如果有必要，采取保护措施预防二次受伤	
E13	作为应急响应的主要协调人开展工作，与校长或者学校应急负责人保持紧密沟通。继续和应急机构以及其他相关服务组织合作	
E14	指挥和定时分配工作人员应急任务	
E15	监控和安慰学生。根据学生和员工的需要，安排长期的福利	
E16	咨询校长或学校应急管理者关于通知学生家长 / 看护人的有关事宜，以及他们与自己的孩子会合的有关事宜	
E17	如有需要，和参观地点的负责人或管理者保持联系	
E18	尝试获得目击者的名字和联系信息。如果可能，请目击者写一份书面的目击内容	
E19	如果在国外，联系英国外交与联邦事务部	

续表

编号	教学参观领队——第二步响应行动	标记 / 签字 / 时间
E20	如果在国外，发生大额费用（例如医疗）之前检查保险单，向保险公司和法律专门机构咨询	
E21	保留好所有的票据和资料，用于之后保险赔偿。例如： • 费用记录 • 诊断书、住院记录 • 警察局的报警登记编号	
E22	检查所有需要通知的人是否已经都通知到了。记住，发布的信息必须严格限制，直到信息已被证实准确，以及所有学生家长 / 看护人都被通知到	
E23	请求校长或者学校应急管理者协助有关应对媒体事宜，如有需要，也可请求其他参与应急的机构协助有关应对媒体事宜。策划一份处理媒体要求的对策	
E24	要求学生和工作人员接触媒体时避免散布谣言和炒作。尝试采取办法阻止不符合实情的信息的传播，特别是通过电话或者闲聊等途径	

编号	教学参观领队——恢复	标记 / 签字 / 时间
E25	参见附录 1 有详细信息关于福利安排和事件之后的支持	
E26	完成所需的资料整理和存档工作	

附录 1——突发事件之后的援助

编号	事件之后的援助——协助学生和学生家长 / 看护人	标记 / 签字 / 时间
P1	向受事件影响严重的学生和教职工介绍对他们的监控照料办法。确保教职工熟悉这个监控照料办法	
P2	向学生和教职工提供心理治疗和咨询。通知到每一名相关的学生和教职工，让他们知道如何获得此项帮助。如有需要，安排他们接受心理帮助	
P3	确认需要通知哪些学生相关信息，以及怎样通知、由谁负责通知	

续表

编号	事件之后的援助——协助学生和学生家长 / 看护人	标记 / 签字 / 时间
P4	提供机会给学生讨论他们经历事件的经验，例如在课堂上发起一次讨论，安排一次专题课等。不要阻止学生讨论他们的经历	
P5	考虑学校图书馆提供相关的书籍	
P6	安排一名学校工作人员探望受事件影响严重的学生和教职工（到家中或者医院）。在探望学生之前首先询问学生父母 / 看护人，取得他们的允许	
P7	安排时间向事件中受伤的学生 / 教职工表示慰问。可考虑鼓励学生们送问候卡片和简短留言给那些卷入事件的人	
P8	要特别关注学生对实际问题的需要。例如课程作业的提交时间，即将来临的考试等	
P9	给学生家长 / 看护人发送一封信，信的内容大致包括以下内容： • 突发事件的概述 • 以什么方式将事件通知到他们的孩子 • 学校组织的救助行为 • 如果需要其他救助，应该联系谁	
P10	定期与学生家长 / 看护人进行沟通	
P11	不要将敏感的、机密的个人信息公开传播，除非得到学生本人和学生父母 / 看护人的许可	
P12	可以考虑组织一次家长见面会，讨论他们关心的任何问题	
P13	如果学生带着事件造成的严重影响离开本校，例如小学升中学，可考虑小心翼翼地、秘密地通知新学校的校长，以便得到需要的照顾	

编号	事件之后的援助—— 一般行动	标记 / 签字 / 时间
P14	如果需要，向受过教育专业训练的心理指导、重大意外压力缓解（critical incident stress）、丧失亲友缓解（bereavement counselling）、创伤压力缓解（trauma management）人士寻求救助	
P15	可考虑向其他组织寻求帮助，例如： • 教师支持网 • 撒玛利亚会（Samaritans，英国提供心理救助的社会组织，非宗教的。网址是 http://www.samaritans.org/。） • 克鲁斯丧失亲友关怀（Cruse Bereavement Care，在英国各地有很多分部，网址是 http://www.crusebereavementcare.org.uk/。）	
P16	帮助减轻因警察持续盘问、法律诉讼、媒体关注等带来的心理压力	
P17	取消或者重新调整不当的安排	
P18	为工作人员提供恰当的帮助，如交流会、培训等，使他们能很好地应对学生们因突发事件引发的各种问题和讨论	
P19	注意给工作人员增添新工作时，负担不要过重。一段时间之后，工作人员需要从繁重的工作中换班休息	
P20	确定新的工作人员了解突发事件、哪些学生被卷入进来，事件对他们有哪些影响等	
P21	如果突发事件波及社区，采取任何可以帮助社区的行动，例如筹集资金	

编号	事件之后的援助——休假后返校	标记 / 签字 / 时间
P22	学生因受到突发事件影响休假一段时间后，学校应和学生家长 / 看护人协商学生返校的日期	
P23	可以考虑增加哪些帮助能使得返校更容易，例如： • 一开始不恢复全天上学，可先恢复半天课程或者部分课程的学习 • 其他替代的教学方法 • 准备一间休息室配备心理辅导，如果学生在学校的时候突然感觉心情难过，可以使用休息室	

续表

编号	事件之后的援助——休假后返校	标记 / 签字 / 时间
P24	借助其他可能帮上忙的学生帮助重新返校，例如学校里的好朋友	
P25	确定所有的工作人员能够很敏锐地发现学生的需要，做恰当的调整和安排： • 落下的功课 • 学生项目的时间表 • 考试	

编号	事件之后的援助——丧葬安排	标记 / 签字 / 时间
P26	以学校的名义向家属表示慰问	
P27	要考虑到宗教和文化，例如有宗教规定在 24 小时内举行葬礼。可以联系社区里的宗教工作者前来帮忙	
P28	谨慎地询问家属 / 看护人如何安排丧葬。如果学校被请求安排丧葬，以下建议可能会有用： • 学校在丧葬当天停课表示对遇难者的悼念 • 学校的高层管理者以学校的名义出席葬礼 • 如果学校教职工和学生允许请假，可以出席葬礼 • 为参加葬礼的教职工和学生安排交通 • 提前通知参加葬礼的学生葬礼日程和注意事项 • 准备花束等悼念品和捐赠等慰问品	

编号	事件之后的援助——纪念	标记 / 签字 / 时间
P29	充分考虑家属的意愿，可考虑在学校举办恰当的纪念活动 • 在校园设置某处园艺 • 带有纪念标志的长椅 / 座椅区域 • 种树 • 吊唁簿 • 喷泉 • 雕塑 • 绘画 • 摄影照片 • 命名的奖项（例如运动会、学术活动的奖杯以此命名）	

续表

编号	事件之后的援助——纪念	标记 / 签字 / 时间
P30	可能需要为一些重要日子做准备，例如： • 生日 • 圣诞节 • 母亲节 • 父亲节 • 突发事件纪念日	
P31	和学校管理者、教职工、学生家长 / 看护人共同讨论如何纪念周年纪念日和其他重要的日子，例如： • 纪念服务 • 特殊集会 • 音乐会 • 表演 • 运动会	
P32	向媒体发布事件后续工作的新进展，临近纪念活动时可通知媒体	

附录 2——维持学校的正常运行

重要的纸版文件必须保存在安全的地方，例如防火保险箱。突发事件中不要尝试去恢复任何文件或设备，除非在保证安全的情况下才可以这样做。

纸版文件	它们存放在什么地方	损坏将造成的影响（短期 / 中期 / 长期）	备份措施 / 恢复文件的补救办法
学生的课程作业			
试卷			
资产登记 / 仪器清单			
保险单据			

电子版文件	它们存放在什么地方	损坏将造成的影响（短期/中期/长期）	备份措施/恢复文件的补救办法
学生的课程作业			
联系信息			
财务文件			
医疗资料			

远程教学	备注/说明
网址/学校外部网	
电子邮箱	
邮政通信地址	

附录 3——突发事件现场情况

公共资源供给	地点	备注/说明
天然气		
水		
电		
暖气		

内部危险	地点	备注/说明
石棉		
化学试剂仓库		

应急预案规划区域	地点	备注/说明
学校应急管理小组指挥室		
媒体接待室		

附录 4——疏散

信号	
火灾疏散信号	
爆炸疏散信号	
警报解除信号	

集合地点——火灾疏散	
火灾疏散集合地点 A	
火灾疏散集合地点 B	

集合地点——爆炸疏散	
爆炸疏散集合地点 A	
爆炸疏散集合地点 B	

如果学校已经疏散，学生不能返回学校也不能回家，可以选择另外的临时地点，例如临近学校等安全地点。

应急预案规划的临近安全地点 / 临近学校 / 休息避险场所	
场所的名称	
场所的类型	
场所的联系人姓名和钥匙保管员等详细信息	
地址	
方位路线 / 地图	
估计路程用时 （步行，带领学生）	

续表

应急预案规划的临近安全地点 / 临近学校 / 休息避险场所	
估计路程用时 （乘校车，带领学生）	
能容纳人数	
能容纳人数（住宿）	
设施 / 物资条件	
备注	

附录 5——避难

信号	
避难信号	
避难解除信号	

听到避难信号以后采取以下行动。

编号	首要的响应行动——避难	标记 / 签字 / 时间
S1	确保所有学生都在学校建筑物里	
S2	如果条件允许，将学生远离突发事件，例如到楼的另一边避险	
S3	如果条件允许，拨打 999 紧急电话。依次拨打您需要的各应急机构的电话	
S4	如果是应对自然灾害，例如浓烟，确定避难所关闭所有窗户和门，关闭通风设备和空气循环系统等	
S5	检查是否有失踪或者受伤的学生、教职工和来访者	
S6	安慰学生，让学生保持活动，可以做游戏	
S7	将突发事件通知学生家长 / 看护人	
S8	待在室内直到避难信号解除，或者应急机构通知疏散	

附录 6——防范封闭

信号	
封闭信号	
封闭解除信号	

封闭	
最适合用于防范封闭的房间	
出入口，例如门窗，应该有守卫	
沟通方式	• 对讲机 • 教室配备的电话 • 手机 • 利用手机短信和电子邮件 • 其他
备注	

接到防范封闭信号以后，采取以下行动。如果出现扣押人质事件，学校应该寻找途径疏散现场其余人。

编号	首要的响应行动——防范封闭	标记 / 签字 / 时间
L1	确保所有学生都在学校建筑物里。如果安全也可以要求学生躲藏起来或疏散开	
L2	锁闭或者看守出入口，例如门窗，防止袭击者进入建筑物	
L3	拨打 999 紧急电话。依次拨打您需要的各应急机构的电话	
L4	采取行动增强对袭击的防护： • 在出入口设置障碍物，例如搬动家具挡住门 • 躲在桌下或者靠着墙坐在地板上 • 远离袭击者的视线 • 拉上窗帘 / 百叶窗 • 关灯 • 在远离门窗的地方躲避	

续表

编号	首要的响应行动——防范封闭	标记 / 签字 / 时间
L5	确定学生、教职工、来访者知道一个出入口，以防袭击者想要控制出入口	
L6	如果可能，清点失踪、受伤的学生、教职工和来访者	
L7	待在室内直到避难信号解除，或者应急机构通知疏散	

附录 7——关闭学校

编号	通行办法——第一步响应行动	标记 / 签字 / 时间
SC1	评估关闭学校需要做的工作。考虑是否有任何更缓和的办法，例如： 向一些学生开放部分学校 向附近学校或者兄弟学校寻求帮助 遇到公共卫生事件，购买传染控制服务	
SC2	如果需要，成立学校应急管理小组	
SC3	如果需要，寻求帮助，例如地方政府	
SC4	确定向所有需要知道的人通知学校关闭的消息，使用最合适的方式，参考附录 6。参考通知名单： • 学生 • 学生家长 / 看护人 • 教职工 • 学校高层管理者 • 本地电台 • 本地政府	
SC5	如果关闭学校发生在上课的日期，为学生安排所需的校车	
SC6	如果关闭学校发生在非上课的日期，在上课的第一天开始时，至少安排一名工作人员在学校出入口，通知到校的学生学校关闭的消息，并确定学生能安全回家	
SC7	如果需要，另行安排考试时间	

如果学校可能需要关闭很长一段时间，考虑以下事项。

编号	通行办法——第二步响应行动	标记 / 签字 / 时间
SC8	将学校的消息定期通知学生、学生家长 / 看护人、政府管理者和媒体	
SC9	如果学校关闭时期还要延长，考虑特殊教育需要的学生和有医疗需要的学生会受到哪些影响	
SC10	保卫学校资产安全	
SC11	安排恰当的远程教学，参见附录 2	

附录 8——沟通

专用电话线	电话号码	电话机位置
呼入专用电话		
呼出专用电话		

关于突发事件所有的电话记录都应该定期更新。即使在上一次电话联系以后没有重大的进展发生，同样必须做电话记录。

沟通方式	备注 / 说明
电话自动应答机	•预先在电话自动应答机里录制事件进展最新消息 •设置应答专用模式的使用说明 •应答机可以在校外远程操作更新，还是只能在学校里操作更新
学校网站 / 外联网	•具体登录方法 •谁负责编辑学校网站？或接受过编辑学校网站的培训 •学校网站更新可以在校外远程操作，还是只能在学校内操作
短信发送系统	•具体登录方法 •谁负责编辑短信发送系统？或接受过短信发送系统的培训 •短信发送系统可以在校外远程使用，还是只能在学校内使用
本地电台	报道学校关闭的说明
电话联络树状图	

续表

沟通方式	备注 / 说明
学校出入登记处	
简报	
电子邮件	
信件	
学校布告栏	

以下列出优先选择的方法，注意可能因为突发事件的具体情况，现场选择的最好办法将有所更改。

群体	优先选择的沟通方式	具体联络信息从哪里获得
学生		
学生家长 / 看护人		
学校管理者		
扩展服务		

附录 9——爆炸恐怖威胁

• 如果接到电话声称有炸弹，记录尽可能多的信息

来电话时间：______________ 来电话的电话号码：______________

记录电话里具体的威胁内容：

____

____

• 保持冷静。要谨慎，不要激怒来电者，尝试向来电者提出下列问题

现在炸弹在什么地方？______________ 怎样会引发炸弹爆炸？______________

炸弹什么时候会爆炸？

是您放置的炸弹吗？如果是，您为什么要这样做？

是什么外形的炸弹？

您的名字叫什么？

是什么类型的炸弹？

您的电话号码是什么？

您的地址是哪里？

• 拨打 1471 可以查询到电话从哪里拨打来等信息

拨打 1471 查询信息了吗？

通话结束时间：

• 立即拨打电话联系警察（999）、校长、学校负责应急的专人
• 根据警察的建议采取进一步行动

来电者的性别？
□ 男
□ 女

从电话中的声音猜测来电者大概年龄是：

来电者有口音吗？如果有，是哪里口音？

来电者使用代码了吗？

来电者的声音是否熟悉？

来电者的声音属于哪一种类型？

☐ 正常 ☐ 口语很好 ☐ 说话有障碍
☐ 大声 ☐ 口语很差 ☐ 说话结结巴巴
☐ 温和 ☐ 深沉 ☐ 口齿不清
☐ 低声 ☐ 声调高 ☐ 发音含糊
☐ 清楚 ☐ 嘶哑 ☐ 其他
☐ 声音经过伪装 ☐ 鼻音重

来电者说话的语速？

☐ 正常 ☐ 快 ☐ 慢

来电者说话的态度？

☐ 正常 ☐ 不安 ☐ 恼怒
☐ 冷静 ☐ 生气 ☐ 混乱的
☐ 兴奋 ☐ 理性的 ☐ 其他
☐ 大笑 ☐ 不理性的

电话传过来的背景声音可以辨别出什么信息吗？

____

____

备注：

____

____

附录 10——可疑包裹

炸弹邮包或者生化包裹可能呈现以下迹象：

- 过度包装（包装很多层，包装特别严密）
- 在外包装 / 信封上有油渍或者油斑点
- 有异味，例如氨水味、杏仁味、杏仁牛奶糖味等，但不限于此
- 信封或包裹上有褪色、晶体、粉末状残留
- 可以看见的电线，铁皮 / 锡箔罐

- 比同等大小的包裹更重
- 包裹的重量分布不均匀
- 包裹超重而贴有过多邮票
- 书写字体难看、拼写或者打字错误多
- 送信来源不明，私人送信
- 错误地址或者来自意想不到 / 不寻常的来源
- 没有寄件人地址或邮戳与寄件人地址不符

学校收到炸弹邮包或者生化邮包的可能性低。但是，如果学校收到可疑包裹，请按照以下办法执行。

编号	首要的响应行动——收到可疑包裹	标记 / 签字 / 时间
SP1	保持冷静	
SP2	轻轻放下信件或包裹，走到远距离： • 不要再接触包裹 • 不要移动包裹 • 不要将包裹放入任何其他物品中，包括水里 • 不要将任何东西放在包裹上面	
SP3	将包裹放置的位置特别标注出来	
SP4	从包裹所在的建筑物中疏散出来，人群远离建筑物，越远越好。集合地点远离爆炸引起的窗户玻璃飞溅范围	
SP5	通知警察（999）、校长、学校负责应急的专人	
SP6	不要使用手机、无线对讲机或者发出警报，使用手动击碎玻璃型警报装置	

如果有人接触潜在危险物质，采取以下行动。

编号	首要的响应行动——如果接触潜在危险物质	标记 / 签字 / 时间
SP7	将所有接触了潜在危险物质的人隔离，做医疗检查。告诉他们保持冷静，避免接触眼睛、鼻子，以及身体其他部位	
SP8	关闭所有通风设备、换气系统。关闭所有门、室内防火门、窗	
SP9	有化学物品接触症状的人，例如流泪、咳嗽、皮肤刺激，应该认真地接受医疗观察	

附录 11 —— 工作日志记录指导

	星期四 , 19/05/2011
晚 7:40	接到学校应急委员会的珍妮·苏利夫来电。报告学校发生火灾，但不知道具体建筑物的哪个部分起火。警察和消防队已经到达学校。珍妮接到指令要求派遣一名学校工作人员到现场协助救援。我给了珍妮我的手机号，让珍妮通知我哪位学校同事到现场协助救援了。我马上联系菲利普·海利（看门人），我俩预计半小时内到学校。
晚 7:50	打电话给菲利普。电话占线。
晚 7:55	打电话给菲利普。告诉他情况，让他和我在学校门口见面，越快越好。他在晚上 8 点 15 到达。
晚 8:05	收到珍妮短信，他们应急小组派去的人叫作安德鲁·泰勒。他在 10—15 分之后在学校门口等我们。安德鲁的电话是 ~~07802 388~~ 07802 338 202.
晚 8:20	我到达学校，菲利普和安德鲁已经在那儿。和消防负责人谈过，一个教室起火，临近的几间教室被浓烟严重损毁。不确定起火原因，但是不能排除纵火。学校明天必须关闭。明天一早做现场调查，临时安排早 8 点。
晚 8:40	通知副校长安娜·休斯。让她通知学生家长 / 看护人明早学校关闭。她安排通知学校教职工和高层管理者，在网站发布消息。我联系电台。

工作日志应该按照时间日期顺序记录。

如果写错，不要覆盖原文，用单行横线划去，重新写。

在页面边缘标记时间、日期或缩写。

- 记录必须清楚、明白、准确
- 包括事实信息
- 言简意赅
- 记录任何一笔支出
- 不要撕掉任何一页
- 不要使用涂改液

学校应急预案分发登记表[①]

应急预案分为电子版、纸版、保密版和公共版。保密版是信息最全的版本，里面包括应急管理人员的具体联络信息，因此不可传播，只在应急管理负责人员及重要职务之间共享。预案的公共版可用于学校一般教职工和学生掌握突发事件应对的学习手册使用。在应急预案分发的时候，需要进行登记，防止有分发遗漏的情况，同时也保证人们拿到的是最新版本的应急预案。

表：学校应急预案分发登记表

姓名	职务	单位	地址	电子邮箱	保密版？纸版？（是/否）	保密版？电子版？（是/否）	公共版？纸版？（是/否）	公共版？电子版？（是/否）	工作日志（是/否）	旧版本是否已经作废？（是/否）	说明，例如出席培训、出席演练等

① 下载自艾塞克斯郡议会和诺丁汉郡议会合作的学校恢复力项目网站。网站网址是http://www.schoolemergencies.info/coping_with_a_school_emergency.php。

学校应急预案风险评估[①]

诺丁汉郡议会“通过学校增强社区恢复力”网站上登出的学校应急文件有风险评估表，包括：卫生事件、财产损失、自然灾害、犯罪和其他杂项等。下表是英国诺丁汉郡议会为学校应急设计的自然灾害风险评估，以及突发事件后为维持学校正常运行进行的评估和临时补救方法。

表：自然灾害风险评估

风险	风险等级（高、中、低）	备注
洪灾： • 河流洪水 • 暴雨骤发洪水 • 地表水洪灾 • 地下水洪灾 • 水库洪水 • 潮汐洪水 • 下水道引发洪水		
大暴雪 / 大面积路面结冰		
暴风雨雪 / 大风		
高温天气		
其他异常事件，例如龙卷风		

① 下载自艾塞克斯郡议会和诺丁汉郡议会合作的学校恢复力项目网站。网站网址是 http://www.schoolemergencies.info/coping_with_a_school_emergency.php。

维持学校正常运行评估

能源供给损失

能源供给	损失产生的后果（短期、中期、长期）	备选方案 / 恢复办法
天然气 / 煤气		供应商能提供帮助吗 本地政府能提供帮助吗
水		供应商能提供帮助吗 本地政府能提供帮助吗 可以买到或得到瓶装水吗 有移动厕所可以使用吗 有水槽车可以为清洗、卫生提供水吗
电		供应商能提供帮助吗 本地政府能提供帮助吗 有备用的发电机吗 有足够的燃料提供给备用发电机吗
暖气		供应商能提供帮助吗 本地政府能提供帮助吗 有临时供暖设备可以用吗

日常必需供给损失

日常供给	损失产生的后果（短期、中期、长期）	备选方案 / 恢复办法
交通		有替代的交通方式吗？例如公共交通或步行 鼓励教职工互相搭车 教学参观用车可以调整吗
餐饮		有足够的储存应对临时的供应困难吗 有可以替代的餐饮供应途径吗 临近的学校可以提供帮助吗 本地政府能提供帮助吗 学校需要的餐饮量能否减少？（还要考虑特殊餐饮要求） 能鼓励学生自带午餐吗

续表

日常供给	损失产生的后果 （短期、中期、长期）	备选方案 / 恢复办法
清洁		有足够的储存应对临时的供应困难吗 有可以替代的餐饮供应途径吗 临近的学校可以提供帮助吗 本地政府能提供帮助吗
燃料		有足够的储存应对临时的供应困难吗 有可以替代的餐饮供应途径吗 临近的学校可以提供帮助吗 本地政府能提供帮助吗
粗盐 / 食盐		有足够的储存应对临时的供应困难吗 有可以替代的餐饮供应途径吗 临近的学校可以提供帮助吗 本地政府能提供帮助吗

建筑物损毁

建筑物	损失产生的后果 （短期、中期、长期）	备选方案 / 恢复办法
办公室		学校里有备用的办公室吗？例如学校计算机机房 学校附近有办公室可以借用吗 本地政府能提供帮助吗 办公室受到影响的教职工可以在家办公吗
教室		学校里有备用教室吗？例如会议厅、计算机机房、体育馆 学校附近有场所可以做临时教室吗？例如临近的学校、图书馆、教堂大厅 本地政府能提供帮助吗 有临时教室提供吗 错开时间上课，最大限度利用现有教室 能合并班级，维持适当的学生 / 教职员比例 延长每天的学校开放时间，最大限度利用现有教室 教室优先安排给有考试的学生班级。或者优先考虑最重要的课程 如果天气允许，可考虑在户外上课 可以提供远程教学

续表

建筑物	损失产生的后果（短期、中期、长期）	备选方案/恢复办法
厨房		学校附近有可以提供厨房的场所吗？例如临近的学校 本地政府能提供帮助吗 可以由商业餐饮商供应学校饮食，代替学校食堂做饭 鼓励学生自带中餐
图书馆		学校里有备用的场所可做图书馆吗？例如学校计算机机房 学校附近有场所可以做图书馆吗？例如临近的学校、图书馆 本地政府能提供帮助吗
实验室		学校附近有场所可以做实验室吗？例如临近的学校。 本地政府能提供帮助吗
运动设备		学校里有备用的场所可用于体育课吗？例如大厅、操场 学校附近有场所可以做实验室吗？例如临近的学校、休闲中心、公园 本地政府能提供帮助吗
教研室		学校里有备用的教研室吗？例如学校计算机机房
厕所		本地政府能提供帮助吗 有流动厕所可以使用吗

人员损失

人员	损失产生的后果（短期、中期、长期）	备选方案/恢复办法
校长		可以临时由有经验和受过培训的副校长负责 学校重要活动的程序规范是否能找到？按照制度规定工作

续表

人员	损失产生的后果（短期、中期、长期）	备选方案 / 恢复办法
教学人员		可以雇用临时代课教师吗 可以从其他学校临时借调教师吗 事先安排好的授课计划可以由实习教师负责授课吗 可以由辅助教学人员担任部分工作，例如助教 可以合并班级，保证维持适当的学生 / 教职员比例
管理员 / 保卫员，包括网络管理员		学校重要活动的程序规范是否能找到？按照制度规定工作 可以雇用临时人员吗 可以从其他学校临时借调员工吗
部门主管 / 财务		学校重要活动的程序规范是否能找到？按照制度规定工作 可以雇用临时人员吗 可以从其他学校临时借调员工吗
办公职员		学校重要活动的程序规范是否能找到？按照制度规定工作 可以雇用临时人员吗 可以从其他学校临时借调员工吗
餐饮服务人员		学校重要活动的程序规范是否能找到？按照制度规定工作 可以雇用临时人员吗 可以从其他学校临时借调员工吗
清洁服务人员		学校重要活动的程序规范是否能找到？按照制度规定工作 可以雇用临时人员吗 可以从其他学校临时借调员工吗

通信沟通损失

信息通信	损失产生的后果（短期、中期、长期）	备选方案 / 恢复办法
计算机互联网		供应商能提供帮助吗 本地政府能提供帮助吗 重要文件 / 记录有纸版备份吗 数据有远程备份吗
学校网站 / 外联网		供应商能提供帮助吗 本地政府能提供帮助吗
出勤管理系统		有纸版系统可以使用吗
短信息发送系统		有替代的联络方法可以使用吗
固定电话		有替代的联络方法可以使用吗
移动电话		其他网络供应商的手机可以使用吗 有替代的联络方法可以使用吗
传真		有替代的联络方法可以使用吗
电子邮箱		有替代的联络方法可以使用吗

学校应急便携袋[①]

表格里是建议应急便携袋装备的物品。应急便携袋必须每学期检查一次。使用之后也要检查，使用过的物品及时补充上。

表：学校应急便携袋物品清单

物品	备注 / 说明	检查日期	检查人签字
应急预案			
急救药箱			
手电筒			
无线对讲机			
电池			
哨子			
扩音器			
一次性相机			
袖章 / 高能见度马甲			
毯子			
手套			
长筒雨靴			
日志本			
文具			
零用现金			

① 下载自艾塞克斯郡议会和诺丁汉郡议会合作的学校恢复力项目网站。网站网址是 http://www.schoolemergencies.info/coping_with_a_school_emergency.php。

学校应急预案安排表[①]

诺丁汉郡议会设计的学校应急管理文件包括预案安排表。学校根据实际情况定期进行应急预案的检查和更新，应急教育和培训，应急演习，并做记录。表格中的讨论式学习是就一个实际案例，或者学校面临的某个实际问题，进行讨论，通过主动探索，达到学习的目的。在知识水平较低的讨论中需要有指导。在知识水平很高的讨论中，可以没有指导，也可以由专家做指导。

预案安排表

事项	秋季学期	春季学期	夏季学期	秋季学期	春季学期	夏季学期	秋季学期	春季学期	夏季学期
建立 / 检查应急预案	*			*			*		
准备 / 检查应急便携袋	*			*			*		
更新联系信息	*			*			*		
学校应急意识教育		*			*			*	
学校应急管理小组培训		*			*			*	
讨论式演练 / 桌上模拟应急演练		*			*			*	
实地演练									*

① 下载自艾塞克斯郡议会和诺丁汉郡议会合作的学校恢复力项目网站。网站网址是http://www.schoolemergencies.info/coping_with_a_school_emergency.php。

行动计划表格[①]

下表是对学校应急管理工作中开展的活动、制定的政策的概况、实施情况、完成情况等的记录表格。

行动计划

编号	行动 / 建议 / 课程	任务目标	状态 / 过程 / 备注	完成时间

① 下载自艾塞克斯郡议会和诺丁汉郡议会合作的学校恢复力项目网站。网站网址是 http://www.schoolemergencies.info/coping_with_a_school_emergency.php。

第三章　英国社区恢复力的组织架构

本章介绍英国社区恢复力的组织架构。主要对英国社区灾害管理现行的权力结构、组织网络、行动主体（包含政府部门、社区组织、企业、非政府组织、应急救援志愿者队伍、社区居民等）的资源依赖和合作关系等进行研究，对其不同的模式、类型及其绩效进行概括和分析。

一、政府在社区恢复力中的角色

在社区恢复方面，英国政府将政府工作目标界定为[①]：

- 为社区进行恢复力建设给予支持
- 将社区恢复力建设的成功典范宣传到其他各地
- 提升社区对当地突发事件应对能力的意识和理解

格洛斯特郡农村社区咨询所认为，社区应急管理的核心在教区或者市镇议会，同时鼓励志愿者的参与，让居民熟悉当地的生活信息也需要受到社区应急管理重视，社区还需要与当地政府应急部门保持联系。

二、国家对社区恢复力工作的奖励[②]

中央政府设置了国家奖励，给从事社区恢复力工作的社区成员，奖励他们在工作中做出的贡献和成绩。设置的国家奖励有以下五种。

---

① 英国政府网站 https://www.gov.uk/resilience-in-society-infrastructure-communities-and-businesses。

② 下载自英国内阁网站 https://www.gov.uk/resilience-in-society-infrastructure-communities-and-businesses。

大社会奖（The Big Society Award）

网站网址是 http://www.number10.gov.uk/bigsocietyawards，有关于大社会奖的介绍，申请表格也在该网站上下载，这是英国首相官邸网站。大社会奖的目的是权力从中央政府转移到地方社区和个人。奖项的设立是为奖励个人、社会团体、公共部门、项目组，通过他们的工作展示强大的社会功能（相对于政府功能而言）。大社会奖是一项综合的奖项，包括对社区工作的方方面面，如社区基础设施建设、就业帮助、残疾人帮助等，其中包括社区恢复力建设的奖励。大社会奖是 2010 年 11 月由首相设立的国家奖励。获奖者将被邀请到首相官邸接受颁奖，授予首相签字的台式木板奖章。

具体的奖励内容有：

1. 社区促进——居民对社区公共事务更多参与。

2. 开设和改革公共服务——根据当地特征管理本地公共事务。

3. 增强社会功能——公共部门和个人以创新方法提供公共服务。

申请标准：

1. 个人、团体或公共部门促进社区公共参与，例如个人发起一个社区组织或者一项社区活动。

2. 个人贡献大量的时间和财物，为帮助他人。

3. 个人在公共服务的工作中有创新。

4. 在公共服务中合作和互利互惠。

5. 当地商业、地方政府、公共部门、企业协会等参与当地社区建设或提供支持。

之前获奖的案例：

克莉斯汀·吉布森，英格兰东部，第一位获得大社会奖的个人。她设计并开发了一块荒地为当地居民和家庭建成了一座花园。她在住房协会（housing association）建立了一项基金。

申请时间：

每 2—3 个月颁发一次大社会奖。大社会奖是一项长期持久的奖项。网站上会及时登出接下来两次的申请时间和颁发时间。获奖信息将发布在首相官邸网站和获奖人的当地 / 大区新闻中。

申请办法：

1. 个人自我推荐，也可以由个人自荐他 / 她所在的组织。推荐人可以是组织的负责人，可以是组织里的工作人员，也可以是组织的任何一员。同时需要自荐本人、自荐组织以外的两人推荐。

2. 推荐他人或其他组织，同时需要另外一人推荐。

3. 申请表格在大社会奖网页上下载，网址是 http://www.bigsocietyawards.org/。

4. 获奖者在全国公布。

女王荣誉奖励制度（Queens honours system）

网站网址是 www.honours.gov.uk。颁发给社会中任何对社区做出卓越贡献的人。任何人都可以申请该奖励。奖励制度包括若干奖项，分别颁发给做出不同贡献类型的人。CBE 奖颁发给在社区工作中取得成绩和做出贡献的地区事务负责人。OBE 奖颁发给为地区或服务于社区任何领域做出卓越贡献的人。MBE 奖颁发给可以产生示范效应的地方实务工作者。申请人可以是付劳务的员工，也可以是不付劳务的志愿者，但是必须在工作期间提出申请和获得奖励。所有的申请汇总到内阁的荣誉和任命秘书处（Honours and Appointments Secretariat），秘书处 8 名委员进行评选。申请该奖没有截止日期，但是评审时间最少持续 12—18 个月。获奖名单在新年或者女王生日庆典时公布。

女王志愿服务奖（The Queen's Award for Voluntary Service）

网站网址是 https://www.gov.uk/queens-award-for-voluntary-service/overview。女王志愿服务奖是英国志愿组织的最高奖项，表彰为当地做出卓越贡献的志愿者。获奖者将获得女王签字的证书和半球形玻璃水晶奖杯。获奖组织的代表还将被邀请参加女王花园盛会。申请资格是两个及以上的人组成的志愿组织，为当地某项事业提供三年及以上志愿服务。获奖的志愿服务是在地方运行，为当地人们的生活提供服务或者满足他们的需求，并且得到当地人们的支持、认可和尊敬，当地人从他们的志愿服务中受益。志愿组织可以在每年的截止日期内随时申请，例如 2011 年的截止日期是 9 月 30 日。申请在三年内都有效，可以参加申请日以后三年内的评审。内阁将评审结果递交女王认可。获奖名单每年 6 月 2 日公布。从 2002 年设立该奖项开始，有来自全英国 750 个志愿组织获得此殊荣。2011 年获奖的志愿组织有英国西北部的风车山社区论坛（Windmill Hill），东南部的英国红十字难民服务社（British Red Cross Refugee service），中西部的泰尔福特志愿警察少年训练学校（Telford Voluntary Police Cadets），伦敦的死因裁判法庭支持服务（Coroner’s court support service）。

女王花园盛会（The Queen’s Garden Party）

http://www.royal.gov.uk/RoyalEventsandCeremonies/GardenParties/Gardenparties.aspx 是女王花园盛会的网站。盛会将邀请社会各界人士参加。被邀请到的人士一般是对他们的组织和地区做出巨大贡献的人们。盛会通常持续两个小时，女王和其他皇室成员在客人们中间款待客人们。名单按照事先配额分配给推荐名单上的全国的组织。这样保证名单上的社区代表都能被邀请到。每个郡的首席治安长官每年接到给申请的公众的配额。想参加盛会的人可以向当地郡首席治安长官自荐。政府，国内社会服务、军队、外交团体，慈善和社会组织都可以向皇室内务大臣办公室提名。社区中做出巨大贡献的人士将被授予荣誉。每次大约有 8000 人受邀参加盛会。每年 6 月、7 月，女王在白金汉宫至少主持 3 次盛会，在苏格兰爱丁堡的皇宫荷里路德宫每年 7 月举行一次盛会。申请期限是每年 3 月中旬。

应急计划社会恢复力奖（The Emergency Planning Society Resilience Awards）

所有突发事件预案社会（EPS，一家应急专业机构）的成员都鼓励推荐同行参加评奖。在一年当中有 8 个奖项，授予个人和优秀的应急预案。该奖项授予专业的应急人士，不向社会公众开放。申请标准有：（1）一年当中优秀的恢复力计划者；（2）一年当中有效的恢复力团队；（3）一年当中卓有成效的应急计划实施；（4）一年当中最有创新的应急工作；（5）地方恢复力论坛 / 国家政策战略合作奖；（6）恢复力创新奖。2011 年地方恢复力论坛 / 国家政策战略合作奖获得者是艾塞克斯郡议会和诺丁汉郡议会合作的学校恢复力项目。该奖项每年颁发一次，具体时间安排当年公布。

三、社区应急工作的资料线索[①]

社区计划开展应急管理工作或者计划开展进行应急预案编制，经常不知从何处着手。在英国，以下这些地方，可以为社区的应急管理工作提供参考资料，

① “社区应急预案”，下载自格洛斯特郡农村社区咨询所网站 http://www.grcc.org.uk/emergency-planning/community-emergency-planning-toolkit。

或者咨询建议等其他支持。

乡村社区事务协会（Rural Community Action Network，简称 RCAN），是有关地方发展事务的慈善机构建立的联合会，会员是各个社会组织。RCAN 主要从事为乡村社区的发展提供支持的业务。例如，诺丁汉郡（Nottinghamshire）的 RCAN 网站首页的标语是“让乡村发出更多声音”（Raising the Rural Voice）[①]。当地有自己的 RCAN，社区可以向 RCAN 的会员组织寻求帮助。RCAN 为社区应急提供全方位的指导，从招募志愿者、有关应急工作的调研、选择恰当的调研方法、协调相关者之间的不同利益，到预案实施等。

地方政府（Local Authorities）有一位负责应急管理的官员或者一支应急队伍。社区的应急预案工作要通知地方政府负责应急管理工作的负责人，同时可以得到他们的支持。

英国政府官方网站，政府将重大突发事件的信息发布在网站上。可以在这里找到一些参考资料。网址是 https://www.gov.uk/terrorism-national-emergency/national-emergencies。

英国环境、食品与乡村事务部（Department for Environment, Food & Rural Affairs，简称 Defra），是内阁下属的一个部。在这里可以找到气候变化和河海等自然原因引发的灾害的资料。网址是 http://www.defra.gov.uk/。

英国环境中心（Environment Agency），是一个非政府的公共组织（Executive Non-departmental Public Body），为 Defra 提供研究咨询，并关注环境的前沿问题。网址是 http://www.environment-agency.gov.uk/default.aspx。

世界卫生组织，网站上有“突发事件和自然灾害”的板块，有关于全球各地的信息。网址是 http://www.who.int/hac/en/index.html。

四、社区在应急管理中的角色[②]

科茨（Coates）教区在进行应急管理的实务工作过程中领会到一个关键原则。教区议会认为，社区应急预案必须适合社区的规模，就以科茨教区为例，

① 诺丁汉郡 RCAN 网站首页 http://www.rcan.org.uk/home.php。

② “社区应急预案”，下载自格洛斯特郡农村社区咨询所网站 http://www.grcc.org.uk/emergency-planning/community-emergency-planning-toolkit。

科茨在制订应急预案的时候必须根据科茨是一个小乡村的具体情况制定他们的具体应急管理对象和应急管理目标。任何社区在社区应急管理中都有其不可替代的作用，但是社区必须清楚地认识到社区不能也不应该代替履行市镇、地区政府、政府应急部门和其他法定机构的责任。

五、英国保险业在自然灾害中的作用[①]

在不同政治理念的指导下，英国政府在灾害赔偿方面不如美国政府承担的职责，促生了英国商业保险在灾害赔偿方面的蓬勃发展。英国的商业保险在灾害赔偿中占很高比例，商业灾害保险覆盖 93% 的家庭。英国的保险公司也不需要像在美国那样受严格规定的限制。在灾害赔偿方面，英国的商业保险已经做得很成熟而且地位重要。面对气候变化带来的新型灾害，英国保险业也具有前瞻性，走在了前面。

英国的保险业重视利用信息技术提供精确的灾害赔偿服务。保险公司具备高级的突变模型（catastrophe models）、地理信息系统（GIS）和相关数据库。通过这些信息和数据库，保险公司能掌握单个地址层面的受灾情况。大型保险公司具备的洪涝灾害地图甚至比英国政府具备得更好。有一家保险公司花费 500 万英镑用于航空测绘，它用合成孔径雷达（SAR）绘制的英国全国地图比政府测绘机构的地图分辨率更高、更精确。2004 年，这家保险公司用自己的测绘结果帮助政府的环境机构绘制出了更好的河流洪涝地图出版物。保险公司的地图在建筑和规划方面也都被看重。

有一种观点提出，英国的保险业还可以承担起帮助政府和建筑业提高建筑物抗灾能力的工作。正如 1993 年设得兰群岛大风暴所显示，如果建筑物的构造足够抗灾，灾害造成的损失就会很小。保险公司能为建筑师、建筑企业、政府提供翔实的提升建筑结构抗灾功能的资料。保险公司在受理风暴灾害理赔时搜集了丰富的统计数据。保险公司把所有洪灾理赔汇聚成数据库，能够通过分析财产的程度和类型公布出洪灾理赔的平均成本。帮助识别哪些建筑部件在风

---

① David Crichton, What can Cities Do to Increase Resilience? originally in Philosophical transactions of the royal society, 2007. in Disaster Law, edited by Daniel A. Farber and Michael G. Faure, published by Edward Elgar Publishing Limited, Cheltenham, UK, 2010, pp.53-61.

暴中脆弱，可以为新建房屋的成本提供关于哪些建筑标准需要调整的具体建议。这些信息能增强建筑物的抗灾能力，显著减少未来风暴灾害造成的损失。“英国洪灾保险理赔数据库”（The British Flood Insurance Claim Database）是全世界此类数据库中最大的一个，私人保险公司轮流拿出适当的钱对它进行维护。从长远考虑，数据库维护确实需要更稳固的基础。

英国的商业洪灾保险虽然发达，但也有教训可鉴。英国是世界上少有的几个大部分人口买商业洪涝灾害保险的国家之一。很多英国人喜欢河畔和海岸的自然风景，只要保险费便宜，能让他们负担得起，他们宁愿住在洪泛区以可能发生的洪涝危险换来河畔、海岸那赏心悦目的美景。甚至在英格兰很多地方，居民反对修建防洪设施，认为人为设施有碍自然景观，例如布拉德福德的埃文河畔沿岸就是这样，随后遭遇了严重的洪灾。2002 年数据表明，泰晤士河上游河段，沿岸上的财产价值平均比其他地区高 4.8 万英镑。这种想要生活在河畔的愿望是可以理解的，只要这些人不指望依靠低廉的保险费率得到洪灾补偿。1961 年英国的保险业自愿向政府许诺，不管风险有多大他们保证向所有居民提供能买得起的洪涝灾害保险。这一“保险保障”扰乱了市场 40 年之后就终止了，起码在英格兰的东南部。由于对住房的大量需求和建设用地的相对短缺，导致飞速开发洪泛平原。在这样的发展速度下，英格兰和威尔士的当地政府认为保险公司理所当然应当提供洪涝灾害保险，政府也认为没有必要在开发例如泰晤士河口区等洪泛平原之前向保险业咨询。尽管英格兰和威尔士的环境署出于洪涝灾害风险的考虑而反对洪泛平原的飞速开发，但是仅仅一年时间，有 600 多个建筑项目拿到许可证，主要是居住区项目。

2005 年 12 月，英格兰政府起草了新的规划纲要，鼓励进一步开发洪泛平原。当政府进行社会宣传时，保险业几乎立刻发出公告，要求从 2006 年 1 月起对于新建和已建住宅启用划定洪水危险地带的界线。根据新界线，有大约 35 万户居民成为潜在的不符合投保资格的住户，而且受保的范围还将缩小。或许政府不应该再视商业洪灾保险为理所当然了。不过，也有规划制订者听进了保险业的警告，几年来一直在采取一些地方安全行动。

归纳来讲，英国的保险公司具备风险管理、计算机模型和地理信息系统（GIS）技术，综合建立的数据信息有助于降低洪涝风险。保险业以经济激励的方式鼓励这种运作模式，保险业也具备建立激励机制的经济实力。建筑师和规划者越来越需要保险公司提供的咨询，政府与保险业的沟通和合作方式简便而且成本低，这些都促使保险业在城市发展中提供专业信息为将来减少灾害风险。

六、动员和组织居民的社区参与

居民有责任保护自己的财产，对社区有可能面临的突发事件应该有所准备。人们的风险意识越高，越能提高自我保护能力，降低灾害损失。

志愿者——就地取材

应急管理是一项对专业技能要求非常高的工作，而社区资源和专职岗位又非常有限。格洛斯特郡农村社区咨询所提出了一种巧妙的思路。咨询所提出，社区管理者可以从社区内或者就近招募具有特殊技能的居民作为志愿者。这些居民不仅掌握社区应急管理所需要的专业技能，而且了解社区情况，在危机应对时占有优势。社区管理者应该在日常工作中多与社区居民接触，鼓励有专门技能和经验的居民从事志愿者工作，例如住在社区里，从事风险评估工作、应急管理工作的居民；住在社区里的军人等。下表中列出社区应急管理的关键技能并推荐了挖掘人才的地方，为了获得这样的人才，与他们保持联系，鼓励他们为社区应急管理服务。

社区应急管理需要具备的能力和技术

社区应急管理需要的人才：
对当地情况了如指掌
组织能力
通信技术
领导能力
合作能力
抗压能力强
专业技术，例如：拖拉机 / 牵引机司机、风险评估专业、IT 专业、无线电专业

挖掘高级社区应急管理志愿者的渠道

几乎所有社区都应该居住着各种人才，通过以下渠道或许能接触到他们：
市镇、教区议会议员
社会组织、志愿组织成员
社区居民
居民自治社区安全组织成员（Neighborhood Watch）
当地学校的代表
当地教堂、宗教组织的代表
当地工商业的代表
村委会（Village Agents）
养老院、幼儿园
医生、护士、护理人员、第一急救人员（First Responder）、取得资格的急救人员（Qualified First Aiders）

志愿行为的组织工作[①]

在英格兰西南部的格洛斯特郡有一份小有名气的社区应急预案，叫作威斯特应急预案（Weston-sub-Edge’s Emergency Plan）。威斯特应急预案最初是由两个人开始的，他们对这份预案的最初形成有重要贡献。开始，预案只在一个不到500人的小范围内散发，却立即得到了居民们的支持，并将预案散发到整个社区。居民们表示能够参与到社区应急自救中，并且表示能够通过私人的人际交往圈子帮助在更大范围内寻找社区应急需要的各种技能和专业知识人才，以及所需的各种资源。居民纷纷表示出了参与热情，意味着组织者要将居民提供的各种帮助进行一一核实，并将确认可以利用的资源整合起来，这些资源分成从事一般事务类、实地执行类和资源提供类。组织者应该让居民提供的这些帮助在应急管理中发挥作用，提高应急能力。居民提供的帮助范围非常宽泛，从提供安全场所到提供汽车，从提供睡袋、枕头、毯子到提供发电机。社区应急工作者发现把志愿行为组织好要比志愿行为本身更重要。由于突发事件的紧急性质，志愿者大多是接到临时通知被紧急召集，所以威斯特应急预案有非常清晰明确的志愿行动协调组织流程，能使每一个志愿者和志愿行为在应急中尽快发挥功能，同时考虑了志愿者的安全。

① “社区应急预案”，下载自格洛斯特郡农村社区咨询所网站 http://www.grcc.org.uk/emergency-planning/community-emergency-planning-toolkit。

七、案例：霍温厄姆清理冰雪政策和社区恢复计划[①]

项目背景：霍温厄姆是拉伊代尔区（district of Ryedale）的一个村，人口数量少。2010 年 2 月，霍温厄姆环境行动组织（Hovingham Environment Action Group）中的一位成员联系到北约克郡议会应急预案部门（Emergency Planning Unit，简称 EPU），想要一些应急预案的信息，并想咨询如何通过建立自己的应急预案让社区更有准备。他们想首先为冬天的降雪有所准备，然后再建立社区应对洪水的应急预案。

项目概要：第一次在村里开会以后，霍温厄姆决定目标设定为，贯通村里的主路在雪天保持干净，人们出门去邮局、医院等公共服务场所时能出行安全。霍温厄姆的预案在冬季到来以前就制订完成了。北约克郡议会挑选 7 个教区作为冬季计划的试点，霍温厄姆因此入选。北约克郡议会的冬季计划主要是社区志愿清理冰雪，每一个区挑选一个教区作为试点，提供培训和设备，支持试点教区建立清理冰雪志愿服务机制。在北约克郡议会项目的支持下，霍温厄姆完成了社区恢复力计划的实施，定在 2012 年春天举办一场教区活动，公布社区恢复力计划和其他应急预案的事宜。

项目参与者：

霍温厄姆环境行动组织中的那位成员是主要的推动者，是应急预案的主要执笔人。教区议会给予了投入和支持。

项目的成效：

- 2010 年 11 月正式启动，而且成效显著，预案保证了霍温厄姆村的主路在雪天保持不被冰雪覆盖
- 招募 22 名志愿者参加，充足的人力保证可以换班清扫冰雪，是成功的关键

① Case Study – Hovingham Snow Cleaning Policy & Community Resilience Scheme，下载自英国社区恢复案例研究网络图书馆 https://www.gov.uk/government/publications/community-resilience-case-study-library。

- 和预案中计划的一样，村里的主路始终保持干净，社区在雪天与往年比起来能更好地正常活动

可借鉴的要点：

- 预案建立起来，在预案运行中主要依赖志愿者参加
- 团队合作是必需的
- 必须推选一位有前瞻性的领导，在大雪下起来之前就能开始指挥行动，保证所有计划按部就班开展
- 电话号码树状图传递通知比一个人通知所有人要有效率得多
- 在预案中计划好清扫路线，然后在实际工作中遵照预案实施
- 撒砂砾是必需的，能尽可能清除路面的薄冰

下一步工作计划：

- 清扫冰雪预案的成功让霍温厄姆村对继续开展对洪灾的社会恢复力预案上更有自信也更有热情
- 霍温厄姆计划 2012 年春天开展社区活动，使清理冰雪的预案得到提升

备注：

霍温厄姆乐意与其他镇 / 教区议会分享他们的经验和信息，要把反馈提供给霍温厄姆，哪些工作在其他地方同样奏效。可以按照下面联系方式取得联系。

联系方式：

Katie Speed
应急预案专员
北约克郡议会应急预案部门
Katie.speed@northyorks.gov.uk
(044) 01609532713；07891587364

八、学校应急管理[①]

简介

学校可以作为一类特殊的社区。在中央政府层面，教育部和内阁是学校应急管理的主要推动力。在地方政府层面，地方政府是应急预案的主要推动力。应急预案能拯救生命，能阻止突发事件向更坏的方向发展。应急预案能带给教职工、学校高层管理者、学生家长和看护人以及学生信心，让学校成为安全的学习和工作之地而增加学校信誉。处理大范围突发事件的应急预案也能帮助教职员处理学校日常发生的小的突发事件（除不可测的潜在的压力以外）。

为突发事件做准备是一个过程，包括风险评估—建立预案—培训—应急演练—检查和修改预案。

支持应急

在应急准备的过程中，重要的是向学校的员工和高层管理者请教，从而得到他们的参与和支持。很多学校在当地政府有专门的突发事件联络人，他可以提供给学校有价值的信息和建议。

地方政府可以在突发事件的准备和应对过程中提供的帮助取决于学校的类型。私立学校得到的政府支持比公立学校得到的政府支持少。学校应急预案应该覆盖校内时间和校外时间，包括周末和假期。扩展服务的应急预案也应该被考虑到。

与应急相联系的其他领域

当发生突发事件的时候，学校采取的很多应急响应需要与其他规定相配合使用。例如：

- 急救措施
- 疏散办法

① 系列资料下载自艾塞克斯郡议会和诺丁汉郡议会合作的学校恢复力项目网站。网站网址是 http://www.schoolemergencies.info/coping_with_a_school_emergency.php。

- 特殊个人应急疏散办法
- 消防安全管理办法
- 帮助特殊教育需要或医疗需要的学生的规定
- 教学参观的规定
- 学校安全规定
- 卫生和安全规定，例如风险评估，石棉制品管理规定
- 体育课安全技术规章
- 流行感冒防治计划
- 远程教育管理
- 丧葬工作指导

使用文件的一种方式是将相关的文件放在应急预案附录中，这些文件将在使用时发挥它的用处。另一种方式是将文件分开放置，但是在应急预案中做好参考索引，当需要时，按照索引找到相应文件。

预案分发

所有教职员和学校高层管理者都应该人手一册应急预案，而且包括上课时间和课外时间，包括假期和教学参观时间的应急预案。应急预案也应该分发给其他单位，例如扩展服务部门和地方政府。

因为大部分应急预案都包括敏感信息，例如联络信息，所以重要的是保护应急预案的机密。预案的所有版本，包括纸版和电子版，必须严格管理。纸版无人管理时必须锁好，电子版必须加密保护。应急预案分发必须有记录，制作一张应急预案记录表格，记录分发给谁以及他们的基本信息。而且有详细的分发记录能保证人们拿到了最新版本，以免在突发事件应对中按照旧版本行事出现失误。预案分发记录表见应急预案模板。

给预案分发的建议：

- 应急预案需要定期检查。用活页装订的方式装订一份纸质版的应急预案，经常更新的部分，例如联络信息，新页替换旧页更方便
- 用加密的 U 盘分发电子版的预案，这样员工能随时使用预案
- 有一份一页纸高度概括版的预案，包括最重要的信息，对员工来说可能很有用，它容易随时携带。可以通过缩小字号、调整打印设置等办法适

当将版排得更密，在一页纸里盛放更多信息

- 记得给学校的新成员一份应急预案

应急便携袋

关于应急便携袋的建议：

- 存放应急便携袋的地方应该安全，但是必须是好拿的地方，发生突发事件时员工可以立刻拿到。可以备一个便携袋放在学校楼里，例如办公室、教研室。放置一个便携袋在学校主楼外面，以防学校建筑物无法进入
- 其他不适合放在便携袋里的物品，例如钥匙，可以存放在其他地方。在便携袋里加一份说明，记录不能放在袋里的各种必需品的位置，保证员工在匆忙之间不会忘记重要物品
- 教学参观的教职员应该考虑带上应急便携袋，袋里装上物品清单里的基本必需品，不必和学校内放置的完全相同

风险评估

学校如果没有风险评估的经验，不知该如何为本校做评估，可以参考当地社区风险评估的内容。社区风险评估表可以在网站上下载，或者可以从当地政府获得。注意，一份应急预案设计应该用于帮助学校应对各类突发事件，不能为每类突发事件单独建立应急预案。

风险评估需要基于两方面综合评估，突发事件发生的概率和突发事件发生时造成的潜在影响力，两方面因素综合决定风险等级，例如“高”、“中”、“低”等。

在任何可能的情况下，应急办法的实施应该预防或者缓解风险，特别是对那些被评定为“高”级别的风险。例如，包括购买防洪保护设备，确定恶劣的天气里能获得充足的砂砾 / 粗盐。

给风险评估的建议：

- 学校有可能面临任何特殊灾害，例如附近河道发洪水，洪水有可能冲入学校里的化学品仓库，造成更严重后果，都应该列入学校风险评估列表中
- 如果学校面临洪水危险，可向国家环境中心咨询建议，网站是 www.environment-agency.gov.uk

- 英国气象局提供电子邮件警报系统发布恶劣天气警报。学校可以在线注册。气象局网站是 www.metoffice.gov.uk

联络信息——应急响应成功的基础

教育部强调，学校应该保持更新联络信息，保证在突发事件中可用。知道联系谁，能够及时联系到他们，是应急响应成功的基础。应急预案应该包括最新的所有应急联系人的联络信息。包括：

学校教职员	扩展服务
学校高层管理者	应急机构
学生	地方政府
学生家长 / 看护人	当地电台

突发事件发生在上课时间和校外时间，联系人可能不一样，因此在应急预案中标注上不同时间段找哪位联系人。教职员的备用联系方式，例如手机号码、家里座机号码，以及组织 / 机构的备用联系方式应该尽可能列出来。

联络信息是应急预案中最重要的内容，必须定期更新。

给联络信息的建议：

- 至少有一份应急预案放在学校以外的地方，包括学生和学生家长 / 看护人的联络信息
- 联系学生、学生家长 / 看护人的具体安排，例如树状电话联络图、短信发送系统
- 如果突发事件发生在学校课后时间，应急机构和政府能联系到学校负责人是非常重要的。确保向当地政府定期提交一份最新联络信息的预案。学校假期期间也可以通过预案了解到钥匙保管员什么时候不在学校

应急预案的启动

如果学校发生突发事件，任何到校的人都有可能成为潜在的受影响者。当学校发生突发事件时，学校里的每一个教职员都应被通知到。重要的是所有的教职员都必须了解应急预案。准备一份应急预案放在大家都可以看到的地方，例如办公室电话旁边。应急响应工作人员应该保持记录工作日志，并贯穿整个应急响应过程中。

当突发事件发生时，最先保护的是现场的人，例如学生、教职员、学生家长/看护人、来访者。如果需要，立刻向应急机构报警。其他单位，比如政府，如果需要也应该通知到。

有的突发事件可能影响到学校所在社区或附近社区，但是不会直接影响到学校。这种情况，可以启动部分应急预案，例如突发事件后恢复的支援，为受影响的社区提供支援。

角色和任务

一次应急响应中采取什么行动要根据突发事件的类型，不需要执行预案里列出的所有行动。

在应急响应阶段采取的行动会直接影响到恢复阶段。当采取应急响应行动时，工作人员必须考虑任何决策带来的长期影响。当应急响应结束以后，所有之前被通知的人应该再将响应结束的消息通知到他们。同时，随着响应的结束，灾后恢复工作机制随之启动。政府可能开始提供支援进行有组织的修复工作，并向学生和教职员提供灾后帮助。恢复工作可能将持续一段时间。重建工作、警察调查、正式的审问等需要教职员、学生和学生家长/看护人的配合与支持。

学校应急管理小组（SEMT）

校长一般承担突发事件的协调和响应职责。如果现任校长不适合担当此职责，可以由之前认可的提名人担任此职责，此提名人应该受过所需的应急培训。除非发生了非常小的突发事件，否则校长不适合代表学校执行所有应急行动。突发事件一发生，应该建立学校应急管理小组，协助校长管理应急响应工作。学校应急响应小组责任：

- 由校长或者认可的提名人来负责协调工作
- 学校运行
- 联络与沟通
- 工作日志
- 与媒体沟通
- 调配物资、人员支援
- 福利

学校应急管理小组的人选应该在突发事件之前确定，可能需要由学校各部门人员构成：

- 管理员 / 保卫
- 部门主管 / 财务主管
- 教师
- 学校办公人员

学校应急管理小组的规模根据学校的规模和突发事件的类型而定。在有些情况下，一项工作需要安排小组里的若干成员，例如福利工作是需要人手的工作。学校应急管理小组也不一定每次都组织成大规模，一名小组成员可以身兼数职。实际上，在小型的学校里，校长在办公室员工、管理员 / 保安的协助下就可以负担大部分应急工作。如果是这样，根据需要要求支援，例如向地方政府请求支援，对解决危机就特别有效了。

当指定人员成立学校应急管理小组时，临时决定人选不一定是最合适的安排。考虑学校员工的能力，选择最适合从事应急工作的人员。如果在学校里有一位员工负责定期更新学校网站和与学生家长 / 看护人沟通，那么他可能适合承担应急中沟通的工作。管理员 / 保安可能通常被安排负责应急物资的工作，因为他们熟悉学校里物资的具体信息。

承担应急响应中其他任务的学校人员，例如受过急救训练的人，可能不适合被任命为应急小组成员，因为做小组成员的工作可能会影响他完成另一项任务。

学校应急小组以外的教职员仍然在应急响应中具有重要角色。需要他们在现场安慰学生，使学校的慌乱降至最低。还有其他地方可能会需要他们提供协助，例如陪学生去医院等。

给应急角色和任务的建议：

- 建立学校应急小组、设置角色和任务时，根据学校的规模量体裁衣
- 学校应急管理小组成员可能不一定能到突发事件现场，可以考虑给每个小组职务安排一个备选人员
- 给学校应急管理小组成员佩戴袖标或者穿高亮安全反光马甲，使他们在应急响应中很容易被识别出来
- 所有应急现场的学校工作人员尽可能都佩戴标志，以便辨认。应急机构

可能会要求学校人员出示身份证件才允许进入现场

学校应急小组的集合汇报

在做应急预案时指定一个学校应急管理小组集合地点，能有效地将应急小组成员在突发事件发生时最快集合会面。理想的集合地点最好是有通信设备和有足够空间容纳所有应急小组成员以及其他响应人员，例如来自应急机构的响应人员和来自政府的人员。一般来讲，学校办公室或者教研室是特别合适的地点。应急小组多长时间碰面一次取决于突发事件的具体类型。但是经常集合汇报和人员定期互相沟通工作非常重要。每次集合汇报结束时确定下次集合汇报的时间和地点。

学校应急小组的工作轮替

突发事件响应的工作会让人筋疲力尽而且可能产生潜在的情绪低落。应急人员不能无限地工作。在一次长久应急工作中，有必要安排工作人员倒班制。倒班安排需要工作人员交错倒班，不能每轮上岗人员都是全新的，无法保证工作的延续。应该确保倒班上岗的人员能听到上一轮人员的工作汇报，以便立即承担后续工作。

教学参观中发生突发事件

教学参观领队对参观队伍的照顾负有法律责任。学校需要有一份教学参观规定，教职员实施教学参观时有据可依。虽然角色和任务被赋予给领队，但是一些任务可以委派给教学参观里的其他教职员。事先必须安排至少有一位在校员工是在校联络员，若教学参观遇到突发事件，领队可以立即通过他与学校取得联系。在校联络员必须准备好支援领队，提供参观需要的资料/文件，例如教学参观所有参加者的名单，以及他们的父母/看护人的具体联络信息。重要的是对教学参观的应急准备必须在课外时间和假期时间里同样能发挥作用，如果教学参观是在这些时间段里展开。要准备联系学校的备选联络方式。

给教学参观应急的建议：

- 教学参观的教职员小组可能希望在参观时携带一份应急预案和一份应急便携袋

- 当带领学生出国教学参观时，推荐在做出访准备时向英国外交与联邦事务部咨询具体信息。网址是 www.fco.gov.uk，可以在网站上搜寻到需要的信息

灾后支援

学校发生有人员伤亡的事件，例如严重受伤或者有学生遇难，可能会产生长期的、深远的影响。灾后需要对学生、学生家长/看护人和教职员有一个持续的帮助。重要的是采取恰当的方式实施监控过程，确认需要帮助的个体，给予他们所需的帮助。需要帮助的个体可能包括：

- 受伤者
- 没有受伤，但是处于很大的风险中
- 突发事件亲历者
- 和卷入事件者有关系的人
- 卷入事件者的朋友
- 自责的人
- 被他人责备的人
- 在家里经历不稳定的人
- 在之前有行为困难的人
- 之前经历过丧失亲友或其他损失的人
- 之前经历过类似突发事件的人

直接或间接卷入突发事件的人们可能产生不同的影响。包括：

- 睡眠障碍
- 多梦
- 大脑中留有令人不安的记忆和影像
- 记忆障碍
- 负罪感
- 分离感
- 注意力难以集中
- 对重要事情，例如考试的兴趣减弱
- 回避能联想起突发事件的事情

受到影响的人可能在参加突发事件纪念日或者其他重要日子的时候重新经历创伤。教职员在支持帮助学生从突发事件中恢复的工作中担负重要职责，但是不需要教职工担任专业咨询人员。如果需要提供帮助，应急人员应该在和学生家长 / 看护人商量或者征询他们的建议以后，安排专业人士进一步为学生做治疗。帮助学生恢复是一项非常细致的工作，如果教职员不知如何开展工作，应该从受过训练的专业人士那里寻求建议。

当地政府可以提供专业帮助，例如在创伤后心理减压、重大事件后心理减压、丧失亲友心理帮助、创伤管理方面。包括：

- 在短期和长期的帮助安排上提供建议
- 在治疗悲伤的过程上提供指导
- 在确认特别脆弱的个体上提供建议
- 联系其他组织提供协助

也可以获得其他咨询机构的协助，例如克鲁斯丧失亲友关怀中心，撒玛利亚会等社会组织以及当地宗教组织的帮助。

如果学校教职员在处理危机时产生严重心理压力，那么为了更有效地照顾学生，教职员自己也需要得到心理帮助。在某些情形下对教职员提供心理帮助可能要比对学生提供心理帮助有更好的效果。

保持学校正常运行

运行持续管理（Business Continuity Management，简称 BCM）是保证在突发事件发生时以及灾后恢复时学校能保持提供最主要的服务。影响学校不能正常运行的因素包括：

- 公共资源供给中断
- 物资、服务等供给中断
- 学校建筑、设施等损毁
- 学校教职员有缺失
- 通信沟通中断

重要的是恰当解决扰乱学校持续运行的因素，及时在突发事件发生时达到维持基本教学的功能，将其对课程和考试的影响降到最小。重要的试卷、记录和数据如果损失，将造成特别严重的后果。

给维持学校正常运行的建议：

不过分依赖一个供应商，这很重要。考虑建立一张备选供应商列表，向现在合作的供应商咨询是否他们有维持业务正常运行的适当管理。

业务影响分析（Business Impact Analysis，简称 BIA）可以更细致地分析扰乱运行持续的影响因素。

纸版记录

大部分学校保存必要的纸版记录，纸版记录很容易在火灾或者水灾中被毁坏。教职工应该考虑存放重要资料的地方，例如课程作业。如果有关学生的资料有毁坏，将对学生造成心灵创伤。保存纸版资料的办法有三条建议：

- 储存在防火保险柜里
- 重要资料备份，将备份资料存放在学校以外其他地方
- 扫描重要纸版记录制作电子版，以电子版的形式保存起来

有时需要将突发事件中没有被损毁的剩余资料迅速保存起来等待抢救行动，资料恢复专门公司 / 人员需要列入应急预案的名单中。学校应该有重要器材和物品的清单，例如资产登记表、设备存货清单，用于计算灾害保险定损。学校拥有的资产和学校租用的资产都应详细记录下来。

电子版记录

学校的计算机系统应该设置了灾后恢复的技术功能。所有在学校互联网储存的数据应该有远程备份，并将数据的备份放在学校以外的地方保存。重要数据需要定期备份。

远程教学

如果学校不得不关闭一段时间，学校需要适当开展远程教学。建立可靠的、连续的传递教学资料给学生的系统。作业的批改和评语以及教师的反馈，也要能及时传递给学生。技术系统在教职员和学生之间的沟通中发挥至关重要的作用。然而，还要考虑没有电脑和互联网的学生们如何在家里接受教学。通常情况下，远程教学安排综合了技术系统和通过邮政寄送纸版学习资料，技术系统包括虚拟教学环境、学校外联网、互联网、电子邮箱等。

指导学生学习的方法也应该考虑。如果学生有疑问，可以建议学生通过电子邮箱的方式与教师讨论问题。但是也应该提供安排，让学生定期与教师会面进行教学指导。

给远程教学的建议

- 确认学习资料和教学方法适合用于远程教学。统计家中有电脑和互联网的学生人数很重要
- 如果遇到流感疫情，学校应该强制关闭。考虑与其他受影响的学校和当地政府联合提供远程教学

现场信息

学校现场的具体信息对于进行应急响应的工作人员特别重要，特别是对应急服务的提供。现场信息应该包括标有具体信息的地图，例如：

- 学校内部潜在危险的内容和位置，例如石棉存放处、化学品储存室
- 学校外部潜在危险的内容和位置，例如河流、水库、工厂、重要公路
- 公共资源供给，例如将天然气/煤气、水和电的供应位置隔离保护
- 疏散程序，例如疏散路径、集合地点
- 附近重要地点，例如安全避难所、兄弟学校、疗养所
- 用于应急，事先指定的区域，例如学校应急管理小组指挥室、媒体接待室、适用于防范封闭的房屋

制订隔离公共供给的方案，掌握重置火警系统。依靠管理员和保安人员完成这项工作比较容易，学校其他教职员应该按照制订的方案执行任务。

给现场信息的建议

- 现场信息包括任何降低灾情的方法，例如防洪设备的使用说明、在冰雪天气里应该在哪里撒沙砾或粗盐
- 当应急响应时，应急机构进出学校不能受到限制。如果学生家长/看护人得到突发事件消息立即赶赴学校将干扰应急机构的畅行。需要一名学校的人员在学校附近有碍交通的地点设置禁止停车标志，并协助维持交通秩序

疏散

疏散、避难和防范封闭过程是应急预案中特别重要的部分，因为它涉及应

急响应中保护学生和员工的第一步行动，无论是对于现场内的人来说还是对现场外的人来说。所有人员必须意识到在通知其他人之前，疏散信号必须即刻发出，疏散行动必须即刻展开。在有些情况下，应急机构可能会警告学校面临的潜在危险，例如浓烟或者有袭击者。在一些情况下，很难知道是否需要撤离，跑向避难所。应急机构会给出正确的行动指令。

重要的是学会区分不同用途的信号：

- 疏散过程
- 避难过程
- 防范封闭过程

这些信号很容易区分，使用不同声调的响铃声和响铃模式，还必须设计一个所有警报解除的信号。

给疏散的建议：

- 有的学校不能调整他们的火警信号，所以购买扬声器作为替代。扬声器容易使用，能播放出特殊的声音，一般声音足够大到让每一个人都能听见
- 有些突发事件需要学生回家或者比以往提早时间集合。要制定一个确保所有的学生和来访者都能被通知到的办法，可以利用访客登记表

疏散的目的是将人们从危险中转移到安全地方。疏散有时是从学校的局部撤离，有时是撤离出学校。有特殊情况的人员可能需要专门的疏散方案，也需要体现在应急预案里。如果需要撤离出整个学校，需要事先指定一个集合地点，撤离时员工和学生首先在指定地点集合，然后集体迁移到之前指定好的安全避难所。

兄弟学校

和临近的学校签订一份互助协议会派上用场。在应急响应中，请求兄弟学校支援，例如提供安全避难场所。如果协议是互助形式，要考虑当对方遇到突发事件时也要向对方提供他们请求的支援。将各方学校可以提供的支援达成一致并清楚地列在应急预案里。

安全场所

其他的安全场所，例如村务大厅、教堂，可以作为临时休息和住宿场所提

供给学校疏散避难。附近如果有合适的场所可以使用，可以在此处集合后清点附近有什么设施以及携带的设备有哪些可以使用，有多少人可以实际投入协助应急工作。清点事项包括：

厕所	床 / 睡袋
餐饮设施	残疾人通道 / 残疾人使用设施
供暖	备用发电机
可实施急救的人员	办公室
桌椅	

关于如何到达安全避难所的信息，包括至少一条备用路线，以防主路被突发事件阻断，并写入应急预案。联系避难所钥匙保管员的办法也必须包括在应急预案里。

如果一个学校的学生用了一段时间进行疏散，学生距离学校较远，不能联系到家长 / 看护人，当地政府需建立休息处。学校应急人员要联络当地政府，确定去往休息处的路线，还要确定能提供给学生需要的帮助。在很少的案例当中，地方政府可能要求学校将校舍提供出来作为其他地方应急所需的休息场所。可能需要将学校教室提供出来做临时住宿，也有可能需要过夜，还需提供小茶点、被褥、卫生设施。一般将学校作为避难所的情况很少发生，要在校长允许而且其他备用的避难所都不可用的情况下。

避难所

有些突发事件可能要求学生和教职员在学校的建筑物里避难。如果是自然灾害，例如浓烟，学校员工应该保证所有的门窗关闭，通风设备、换气系统关闭。在这种情况下，应急机构会向公众发布警告“进屋、留在屋里、关闭”（go in, stay in, tune in）。所有教职工都要承担一个重要的角色，就是安慰学生，缓解家长 / 看护人的担心。

根据突发事件的类型，应急机构很难准确估计避难需要持续的时间。可以尝试将学生送回家，但是必须在保证安全的前提下。

极少数的情况下，例如遇到特大的暴风雪，学生和教职员被困于学校。这时候，询问每一个学生和教职员，如果需要继续留在学校一段时间或者有可能过夜，需要什么特殊帮助，例如治疗或药物。

防范封闭

防范封闭的目的是防止有袭击者可能伤害到学生和教职员。学校出入口必须严加防范，防止入侵者从门口进入。学生和教职员必须找到一个安全的地方自我保护。

防范封闭的安排特别依赖于学校的规模和学校的布局。任何的混乱都可能会导致学生和教职员躲避到一处，人员过分集中使得他们面对袭击者时更脆弱。如果发出防范封闭信号的时候学生正在户外，教职员应考虑带领学生进入最近的安全建筑里去，或者为了保护学生的安全，也可以要求学生藏起来或散开。

在防范封闭期间，学校教职员会发现很难摸清当时现场情况。应尝试利用无线对讲机、移动电话，其他无声的联络方式，例如教室的多媒体电脑发送电子邮件或者短信与同事取得联系。

任何在应急预案中制定的程序必须实际可行。如果发生突发事件，而教职员和学生没有合适的地方躲藏，那么很有可能造成大范围混乱和恐慌。并不是说总是发生需要防范封闭的突发事件，但是学校必须做防范封闭准备以应对有可能发生的突发事件。

学校停课临时关闭

学校在一般情况下都尽量保持正常运行，除非在极特殊的情况下，例如学校正常运行秩序被打乱，对学生的教育将起到负面效果时会采取停课临时关闭学校。停课临时关闭学校的决定通常由校长发布。偶尔地方政府或者中央政府建议学校停课临时关闭，例如发生公共卫生事件。

确定什么时候需要停课临时关闭学校很重要，必须权衡尽早决定的利弊。尽早决定能避免不必要的程序，为家长 / 看护人提供足够的时间安排照看孩子，同时也要考虑情况是否糟糕到停课临时关闭学校是最好的办法，也许情况没有当初预想的那样坏。校长是最能判断突发事件的严重程度的了，同时做决定时应该时刻考虑安全因素。

学生和学生家长 / 看护人应该尽早得到学校临时关闭的通知。

在一些情况里，学校可以部分关闭，保持一部分正常运行。部分开放的学校里，课程设置应该优先考虑考试班或者处于特别重要教育阶段的班级。学校必须尽早恢复上课，避免学生过长时间接受不到教育。

给学校停课临时关闭的建议：

- 有的地方政府或地方电台为停课的学校建立了互联网在线学习系统。如果不确定学校停课临时关闭的正式程序，请联系当地政府咨询
- 有些案例里，学校征募学生家长/看护人或者地方政府协助学校恢复上课，例如在持续严重降雪之后共同清理积雪以便能恢复上课

沟通联络

在突发事件过程中，可能会有学生家长/看护人联系学校询问信息。学校电话可能很快被来电拥堵。一个缓解电话线拥堵的办法是设置一台电话自动应答机，应答机设置为只用于应答模式，不能留言。电话接通后，打来电话咨询信息的人会听到电话自动播放的信息。定期更新应答机的信息，保持应答机发布最新信息。学生家长/看护人得到最新消息，也可以得到安慰，缓解学校员工的工作负担。很多电话自动应答机还有对更新信息和来电记录的远程控制功能。远程控制功能经过实践比较有效，因为有的突发事件使学校员工回学校不方便。

分配指定接收来电的电话和呼出的电话，最好使用固定电话，因为手机有可能很快用完电池。分配来电电话和呼出电话可以保证来电咨询很多时候也能保持与其他人的联络，例如与应急机构或地方政府的联络。呼出专用电话的号码不能向公众公布。

在突发事件过程中，学校教职员需要咨询应急机构或者地方政府，关于什么信息可以公布给学生家长/看护人和学生。

那些受到突发事件直接影响的人应该个别联系，用电话沟通的方式或者用见面沟通的方式。为了避免不必要的重复通知，需要对联络沟通工作记录日志。

给沟通联络的建议：

- 在突发事件中用短信发送系统能很有效率地通知学生和学生家长/看护人
- 如果学校所在的位置接受某些运营商的手机信号非常微弱，应该把这些运营商的名称记录到应急预案里
- 如果负责学校应急管理工作，要准备一块手机备用电池
- 如果突发事件引起来电数量猛增，或者引起广泛关注，地方政府可以建

立公共热线电话帮助学校缓解电话压力

媒体管理

严重的突发事件将引起媒体的关注。希望来采访的电话可能从当地媒体到全国媒体，甚至到国际媒体。如果成功应对，与媒体的联系能直接给应急工作增加支援，增强学校的荣誉。因此，作为应急准备的一部分内容，可以安排一名学校应急管理小组成员或者一名学校高层管理者接受媒体专业培训，从而可以承担应对媒体的工作。其他机构，例如应急机构或者地方政府，可以在应对媒体方面提供协助从而减轻学校应急人员的压力。所有的媒体新闻必须得到学校和相关应急机构的批准后才能发布。

炸弹爆炸威胁

虽然炸弹爆炸威胁通常以查出恶作剧而收场，但是学校必须永远认真对待。所有教职员都需要意识到如果收到某人声称有炸弹的电话应该采取什么行动。学校应急预案里关于应对炸弹爆炸威胁的内容可以复印一份放在学校办公室，万一发生此类事件可以立即参照行事，但是不要让学生看到。

炸弹威胁可能有各种来源，包括旷课的学生、以前的学生或者陌生人。如果有下列特征，炸弹威胁更有可能是真实的：

- 使用的代码，警察局可以识别
- 警察局标明的潜在恐怖活动地区
- 威胁比一般情况更具体
- 威胁有可信成分

学校员工没办法辨认威胁是否准确有效，员工应该记录电话里尽可能详细的信息，对警察有用。炸弹威胁是犯罪行为，即使员工能确定电话是恶作剧，接到炸弹威胁电话也必须马上报警。

可疑包裹

在大多数案例中，可疑邮包最后查明是恶作剧。然而，收到可疑邮包时应该采取所有需要的预防措施。学校里任何员工应该清楚处理可疑包裹有关的程序。

记录工作日志

在突发事件中，各种事件和行动发生非常迅速，保持对应急过程的准确记录至关重要。学校所有参与应急响应的员工应该做工作日志。在日志里需要记录工作决定、采取的行动、重要对话和任何突发事件相关重要信息。影响学校的任何突发事件可能在之后都会成为询问的主题。重要的是保存有准确记录，没有单张的记录纸遗失。与突发事件有关的信息应该备份保存，作为将来的参考资料。记录中的附录也应该保存。在应急准备过程中分发应急预案的时候，建议给学校应急管理工作人员随应急预案发一本工作日志本。日志本和应急预案一起存放，发生突发事件时随手有日志本可用。

培训

重要的是学校教职员和高层管理者了解应急预案和突发事件发生时他们各自的角色和任务。培训提供给教职员了解突发事件过程的机会，他们可以在培训中讨论任何问题和关心的事情。对教职员和高层管理者培训的规模可以视情况而定。学校应急管理小组成员和替补成员，根据各自的职务，需要全面地培训。虽然学校里的其他教职员需要的培训少一些，但是所有教职员都应该对学校突发事件程序有基本认识。教职员和高层管理者一起培训有好处，通过促进工作关系，在工作中能认识到被忽略了的协调和沟通问题。

参加应急培训需要签到，一方面为保证出席，另一方面确定哪些人员接受过最新的应急培训。包括对现有员工的培训，培训项目是将应急管理融入到学校日常工作的行之有效的方法。

给培训的建议：

- 学校扩展服务也应该掌握应急预案以及预案如何发挥功效。可以让他们参加培训，或者可以专门为他们设置培训活动
- 要求临时工作人员在开始工作以前了解应急预案，这种做法不太可行。但是，临时工作人员应该被告知应急预案当中的基本内容，例如疏散方法，突发事件中找谁可以得到帮助

培训有很多种类型。培训的目标效果是：

- 给学校应急工作人员讲解学校应急便携袋里配备的物品及使用说明

- 实地讲解学校内各处的设置和设备
- 介绍应急预案的基本内容
- 组织学校应急管理小组成员开展具体的培训

学校应急工作人员也可以通过其他培训，提高应急工作能力。例如：

- 急救培训
- 应对媒体培训
- 防火安全培训
- 卫生与安全培训

学校里编制应急预案的人员一般都能为学校教职员、学生做培训。学校其他人员，特别是管理员 / 保安等学校应急管理小组成员也可以在应急培训中作为助手协助培训。其他机构，例如地方政府，经常在组织和开展培训活动中提供支持帮助。应急机构定期走访学校讨论人身安全问题。这些培训也可以用于对学生的应急培训。

可以举办专门的应急管理培训，也可以利用现有的会议进行应急管理的宣传教育，例如：员工会议、学校高层管理者会议、在职培训。建议每年持续举行培训，可以提醒教职员的职责，提供检验更新预案的机会，保证新的员工接受培训。

学生参与

重要的是学生需要知道在学校时、教学参观时发生突发事件应该如何采取行动。熟悉疏散、避难和防范封闭的应急训练，可以提高应急过程中的执行速度，能迅速有效地实施应急响应，防止受伤甚至保护生命安全。

有很多途径对学生进行教育和宣传。召集会议来讲解学生需要的应急训练和应急行动，可以在培训之后进行针对训练的实际演习。一个应急主题可以持续学习一段时间，每一阶段可以讨论一个不同的应急主题。

另一个途径，在课堂上进行应急准备教育。课堂学习包括：

- 风险评估，例如启发学生想一想在家里、在学校、在教学参观时可能面临什么危险
- 家里的应急准备，启发学生在家里为可能的突发事件可以做什么准备，例如准备一个应急便携袋，知道怎么关闭水、电、煤气开关

• 在学校应急预案中，学生的角色，例如参加应急训练、与父母 / 看护人沟通

应急培训的内容可以包括在教学中，分多个阶段进行。可以把这些培训放入国家设置的课程里。在培训里列出的内容，例如防范封闭训练，属于敏感内容，可能引起学生情绪低落，特别是在小学里。教职员需要认真设定什么信息作为防范封闭的原因可以传递给学生。应该通知父母 / 看护人，学校将开展此项训练，让父母对孩子有可能产生的反应有所准备。

提高父母 / 看护人应急意识

日常例行通知父母 / 看护人，学校为应急进行的准备工作能让他们感觉到学校为突发事件有所准备，有能力照顾他们的孩子。

通知父母 / 看护人关于应急准备的信息有以下途径：

• 在学校的新闻简讯中刊登相关动态
• 在学校网站上增加应急准备板块
• 在家长会上分发应急资料
• 通过学生带去给家长的信
• 在学校简介里附上应急资料

应急预案公共版（删除掉联系方式等保密信息的版本）也应该登在学校网站上。

无论选用哪种途径通知学生父母 / 看护人，以下信息都需要包括在内：

• 联系父母 / 看护人的原因
• 学校已经做好应对突发事件的应急准备
• 在突发事件发生时，学校将采取的行动，例如确保学生的安全，与应急机构合作
• 发生突发事件时或临时关闭学校时，采取适当的方式与学生父母 / 看护人联系
• 如果学生父母 / 看护人被通知到学校或者教学参观有突发事件发生，学生父母 / 看护人应该采取什么行动
• 提醒学生父母 / 看护人如有联系信息变更，及时通知学校更新。

应急演练

应急演练的目的是检验应急预案中制订的过程在实际当中有效。虽然他们

不能完全复制真实情况，但是应急演练能帮助加强培训效果，增强教职员在应急响应工作上的信心，让教职员对应急预案的实际效果有更多把握。

演练特别适合于预案里在制订过程中开始被忽略的响应内容。建议教职员和学生首先参加应急预案的培训，参加应急演练。教职员应该了解自己的职责，而且应该有理由对执行任务充满自信。有很多种演练的类型，都可以检验预案的实际效果，但是选择哪种类型的演练取决于演练的目的和可以使用的时间。

讨论式演练是将演练参与者集合在一起，根据给定场景，让他们考虑学校如何采取应对行动。参与者有机会讨论如果事件发生，他们的职责是什么，学校将采取的行动。只需要进行讨论，不需要执行行动。讨论式演练一般用于启发人们对突发事件应急有更具体、更细致的认识。组织讨论式的演练很简单，使用各种情景来说明不同应急小组经历过的应急经验。

桌上模拟演练是模拟对一个突发事件做出响应。可以在一间屋子（应急指挥室）里进行模拟响应，不一定是真的字面意思“桌上”演习，也可以用一系列屋子模拟突发事件中真实的每个部分（例如不同学校现场）。与讨论式演练不同的是，当一个模拟的真实情景呈现出来时，每一个参与者要承担一个具体职责并列出该职务的行动。不需要实际执行响应，但是需要和其他参与者协调各自的行动。桌上模拟演练是对学校应急管理小组特别有效的一种演练类型，很容易开展，但是需要认真准备。由于这种应急演练的特点，限制了参与演练的人数比较少。

实地演练是根据给定场景实际执行应急行动的演练。虽然听起来复杂，但是所有学校都进行过防火训练，这就是一种常规进行的实地演练。实地演练特别适用于检验安排的逻辑性和沟通安排。实地演练也能在亲身经历模拟场景的过程中得到训练，帮助参加者对自己的应急技能树立信心，更能理解应急响应行动。当涉及全校时，包括学生，实地演练无疑是最好的检验应急预案的实际效果方法。但是实地演练确实比其他演练类型需要更多筹划和资源。可以向地方政府或者应急机构申请演练准备的协助。

给应急演练的建议：

- 演练不一定为了达到效果而非常复杂或者过分准备。例如通过尝试在课外时间联系到学校相关职务的人员来测试一个假想事件中联络是否有效。这样相对简单的演练经常也是很有益处的实地演练

- 应急演练需要制作一份演练计划表。本书找到了一份演练计划表模板，见本书第 244 页

选择应急场景很重要，应急场景是真实发生过的事件，必须适合参与者。当选择了一个应急场景，记得考虑参与的学生或教职员是否有个体特殊情况。大多数情况下不适合在选择场景时模拟遇难死亡，特别是当最近学校发生过相关事件。建议在演练实施之前检查演练过程，保证演练顺利进行。检查的内容包括：

- 确认联系信息正确无误
- 检测设备能正常使用，例如无线对讲机
- 检查是否疏散路线上能安全步行

给选择应急场景的建议：

- 给演练起一个有意思或者印象深刻的名字，可以让参与者引发联想，对演练产生兴趣。如果组织实地演练，有学生参加演练，可以考虑组织竞赛，看哪个学生想出最好的演练名字
- 在组织实地演练之前，为组织好演练首先学习实地演练的经验。可以考虑向当地政府询问是否知道有哪所学校正要开展实地演练，可以去那所学校作为观察者参观学习他们的实地演练

实地演练的时间选择

实地演练开始以后可能会引起学校暂时的吵闹，打乱学校正常工作。考虑到这一点，一般实地演练在考试以后接近放假的时候举行。因为每个学校在课间休息、上课时间、课时长度等都有所不同，组织实地演练的时候考虑模拟场景发生的时间，时间不同会影响学生和教师采取的响应行动。

实地演练不一定严格遵循真实时间，可以将演练设置为在某段时间发生，甚至可以跳过几小时、几天、几星期。这个办法一般用于从应急响应阶段的演练跳至灾后恢复的演练。演练指挥必须确认所有参与者在演练过程中知道时间的变化。

演练中其他的参与者

地方政府也许能协助组织演练，提供其他可能有兴趣参加的应急机构、社

会组织的联系方式。有其他参与者的加入，例如媒体、其他学校，能增添应急演练的真实感，检验多机构沟通的重要方面。如果其他组织在演练中有角色要承担，他们充分了解演练程序，并且之前参加了演练准备是至关重要的。

给其他参与者参与演练的建议：

在当地会开展很多应急演练来检测当地的应急预案。学校可以参加其中一个演练。可以向地方政府询问有什么实地演练可以参加。

有其他组织、机构参加演练能带来互助的效果。应急机构经常希望检测他们的应急技能，特别是在学校环境里。他们也可能提供其他帮助，例如消防机构有时用烟火制造方法模拟一次爆炸。

应急演练人员

大部分应急演练涉及三类人员，包括：演练指挥、实际演练人员、观察人员。

演练计划中要包括演练指挥，演练指挥在当天要装配仪器，传达演练内容，监控演练顺利进行。当演练开始进行以后，演练指挥负责为参与者更换场景。演练指挥不参与演练中的响应，演练指挥熟悉模拟场景走向的具体细节，他们如果参加演练响应会有失模拟场景的真实感。

演练参与者是被卷入模拟突发事件的人。每个人都需要采取应对措施，就像真实情况一样，要记录准确的工作日志，记录决策和行动等。

观察者的任务是监控演练，注意其中的任意一个重要问题。他们应该在演练之前被分配了不同的任务，重点观察演练中的不同阶段。从其他学校来的参观者、学校的扩展服务或者地方政府代表从局外人的角度进行观察，能提出特别有价值的意见。

所有人，特别是参与者和观察者，应该在演练汇报阶段提供反馈。

给应急演练人员的建议：

- 演练指挥、参与者和观察者应该互相有所区分，特别是在实地演练中。角色胸牌、袖章或者高亮交通安全背心都可以用来识别不同角色
- 学生一般期待参加实地演练。可以考虑戏剧性效果，让学生扮演受到事件直接影响的各种角色

情景进程（inject）

贯穿整个应急演练，演练指挥要根据演练的发展，提供给参与者场景需要的各种新信息，叫作inject，翻译为“情景进程”的意思。情景进程能够模拟突发事件事态的发展与变化，用不同方式传达。例如，包括：

- 面对面交谈
- 纸版信息卡
- 电话
- 短信
- 传真
- 简短的视频

“情景进程”必须清楚可辨，纸版信息卡必须以“演练”字样为开头，口头交谈，特别是电话交谈必须首先说明这是演练的其中一部分，以防将演练当真或者将现实当演练，造成不良后果。

代码

当演练中不巧发生真实的事件时，代码用于向正在进行演练的参与者说明当前的内容不是演练，是真实发生的事情。代码的例子，如“真实”或“结束演练”。如果有任何人发现有危险情况发生或者将要发生，出示代码，应急演练立即暂停。任何参与演练的人都必须知道代码的使用方法。

通知

实地演练最接近真实情况，因此必须通知所有相关的人举办实地演练的信息。在演练之前，必须通知各个相关的人，包括：

学生	兄弟学校
学生家长/看护人	应急机构
全体教职员	地方政府
学校高层管理者	媒体
学校的扩展服务	本地社区

特别重要的是通知应急机构有关演练的安排，以防他们当作真实的事件采取真实的应急措施。还需要在校门口放置提示牌，说明校内在进行应急演练，

以防引起路人的关心或者惊慌。

检查修订预案

应急预案需要定期检查和修订，以保持它的效力。联系信息需要定期检查，建议每年更新一次。如果学校教职员、高层管理者、扩展服务、学生、学生家长/看护人的联系方式改变，应鼓励他们及时通知学校。应急便携袋应该每年检查，用过一次以后也应该检查和补充。

预案安排表见本书第132页。预案安排表在以下活动时应该随身带上。

- 培训以后进行的经验交流会
- 演练之后进行的经验交流会
- 突发事件之后进行的总结会
- 风险评估有所变化
- 重要应急人员有变化
- 学校布局有变化

听取报告

从演练和突发事件中吸取经验和教训尤为重要。最有效的办法是召集学校员工和高层管理者开一个报告会。报告会的目的是确认：

- 哪些响应做得非常好
- 哪些响应有待加强
- 改进学校应急预案
- 增加学校员工的应急培训

演练之后可以立即开报告会，感受非常深刻。或者之后另选时间，参与者有一段思考的时间。虽然不适合邀请学生和学生家长/看护人参加汇报会，但是学校应急管理者可能希望听取他们的想法。可以在汇报会之前与他们交谈，将他们的想法记下来，在报告会上以他们的名义汇报给与会者，作为议题进行讨论。

在汇报会上了解关于改进的信息和建议。用行动表格记录预案中需要修改的行动。任何行动、建议、经验教训都记录在表格里。表格参见本书第133页。

给报告会的建议：

- 总结表格参见本书第 254 页
- 学校的代表需要参加其他的报告会，例如由应急机构或政府组织的汇报
- 在学校内部分享经验教训，其他组织 / 机构可能也对此感兴趣，例如学校的扩展服务、其他学校、应急机构、地方政府

重新分发应急预案

理想状态是学校的教职工和高层管理者都应该有机会给预案提出建议，经修改后将最新版本分发出去。预案版本应该严格控制，保证人们现在手中保留的只有最新版本。旧版只留一份纸版用于存档，其他纸版全部销毁，最好用碎纸机销毁。同样地，保存一份旧版电子版作为存档，其他各处的电子版统一删除。同样的处理办法应用于预案公共版。

学校应急教育放在国家课程设置里

鼓励学生参与学校应急准备和演练，和更广泛的教育联系在一起。下列提供的若干例子，是把应急预案融入到国家课程中。

第 1 阶段

- 艺术与设计课 1：通过艺术的形式表现亲眼观察、亲身经历的应急服务
- 公民与社会课 2&3：和同学讨论，观察什么破坏我们的环境、威胁安全
- 英语课 3：小组讨论互相学习

第 2 阶段

- 艺术与设计课 1：通过艺术的形式表现亲眼观察、亲身经历的应急服务
- 公民与社会课 1&3：和同学讨论并写作，讲自己的观点和学校规定，关于卫生和安全、应急救援过程、哪里可以提供帮助
- 英语课 3：小组讨论互相学习

第 3 阶段

- 英语课，听说课
- 社会课，理解风险、管理风险

第 4 阶段

公民课，批评反思、风险管理

九、案例：通过学校增强社区恢复力[①]

项目背景：

艾塞克斯郡（Essex）议会的“通过学校增强社区恢复力”项目（Developing Community Resilience through Schools project）在郡内挑选几所学校作为试点，检验他们设计的社区恢复力教育课程。艾塞克斯郡是为执行国家的水位测试（Exercise Watermark）和内阁的社区恢复力两个政策，于 2011 年 3 月 7 日启动该项目。

项目概要：

项目设计的应急教育课程历时 3 个星期，合作学校 10 所。应急课程通过在课堂上做有趣的游戏，包括角色扮演的游戏等，对 2000 名年龄在 6—11 岁的小学生进行社区风险教育。过去的经验证明，教育需要参与式的，而且应该能激发人。例如，邀请小学生的祖父母到学校，分享 1953 年英国洪灾的经验，校外参观驾船、防洪堤坝等，还有一起朗诵诗歌、音乐表演、跳舞、做游戏、阅读、课外实践作业。社区恢复力课程基于交互式电子白板教学软件，设计了故事书（见图 3.10）和参与式游戏（见图 3.1 等），还有互联网活动，让小学生身临其境地解决风险问题。课程期间，小学生由英国广播公司（British Broadcasting Corporation，简称 BBC）艾塞克斯郡分部教他们媒体采访的技巧，在电台上有每人 10 分钟的广播时段。

感谢学校举办的结业庆祝活动，作为课程总结，小学生们为家长表演节目，使得应急教育的效果从小学生传播给他们的家长，在社区中发挥更广泛的教育成效。知识会随着时间的推移慢慢被淡忘，学校学习可以增强知识。小学生接受三周对突发事件恢复力的学习，然后有汇报表演，通过这些课程和活动初步学习到突发事件恢复力的知识。在今后他们的一生中在公共生活中，例如接到预警或其他相关信息和活动等，有能力继续接受恢复力的宣传和教育。在项目

① Case Study – Developing Community Resilience through Schools，下载自英国社区恢复案例研究网络图书馆 https://www.gov.uk/government/publications/community-resilience-case-study-library。

里，项目工作组制作了 DVD 光盘和书籍给低年级的小学生们。年龄稍大一些的 10 岁以上的小学生，项目为他们设计了“如果……将会怎样”的情景模拟游戏（见图 3.4 等），让小学生在故事中扮演应急中的各种角色。情景模拟游戏的教育对象是小学生们，希望他们通过这种有趣的游戏了解所有政府应急机构，既包括政府应急管理部门，也包括消防、警察等的任务。应急课程能帮助理解各个应急响应部门如何合作对社区进行救援，帮助年轻人理解和分享有关突发事件应急的知识。

项目的参与者：

- 艾塞克斯郡议会（项目联系人 Rosanna Briggs，是郡政府应急办公室副职负责人，政府公共服务部副职负责人）
- 工作组——郡议会议员、应急响应机构共同执行项目
- 项目委员会（来自内阁的高级代表，教育部代表，本地政府代表）
- 教育目标群体（小学校、应急管理和儿童服务的工作人员）
- 肯维岛（Canvey Island）和其他本地小学校
- 小学生的父母和祖父母——参加结业庆祝活动，在课程全过程中协助小学生们完成课程
- 社区负责人——邀请几位社区负责人参与课程和活动，交流经历洪灾的应急经验
- 媒体和当地商户，当地政治界人士，包括郡议员等

项目的成效：

- 从校长和地方政府的反馈说明，他们认为这个项目提供的不仅是教育，还有连带的其他资源，都非常有用。项目之后，社区获得有关应急的信息更灵通，在突发事件预防上能更独立，恢复力能力也更强了
- 教师们注意到，家长们在项目里参与了教育的过程，在这之后，家长们比以前更愿意参与到他们的孩子的家庭作业当中，为孩子提供协助。非常有价值的变化是家长们觉得参与孩子们的活动是非常有意义的事情
- 英国广播公司艾塞克斯郡分部（the BBC Essex）——每天有小学生亲自体验广播的活动，为学校、小学生们、家长，甚至社区产生相当大的荣

誉感。在项目中加入这个内容为项目带来额外的成效：让孩子和他们居住的社区感觉到更多地参与了社区的恢复力建设

- 最后一个试点学校的学生们完成了一项问卷调查。调查显示，59% 的学生的家庭参与到了项目当中。96% 的受访人知道应急便携袋是什么，以及如何准备一个应急便携袋。79% 的受访人喜欢叫作《本和莫莉》的在线应急教育游戏。64% 的受访人第一次为他们的家庭制作了疏散计划

可借鉴的要点：

- 增强了孩子们的突发事件准备意识（也在整个社区起到了教育的效果）
- 通过在结业庆祝会上为父母表演节目，小学生们学到的恢复力知识被巩固和增强了
- 形式多样的教育课程为达到教育效果提供了保证（各种教育的尝试是经过专家组的评定和在肯维岛的试点试验）
- 项目之后，小学生完成的问卷调查也非常有必要——问卷调查结果能显示出项目取得的成功之处，同时也显示出项目未来有待改进之处
- 项目工作组与教师之间的交流有一些没有沟通好的地方，导致在由谁传授突发事件准备课程给学生以及如何传授的安排上出现了一些误解
- 一些教师担心突发事件恢复力的课程会增加他们的负担。项目工作组向学校解释项目的应急教育课程安排在学校已经设置的课程中进行，而不是作为教师在课外要额外增添的课程。通过进一步沟通和解释，项目最终顺利地被教师们接受并开展起来。项目完成后，教师们对项目的成效给予了肯定

下一步工作计划：

- 正在三个试点实施项目，从中得到的经验将定期公布出来，项目的进行也将根据阶段经验不断调整。项目计划开发一个教师软件包
- 正在制作网络电子书，当学校因为恶劣天气关闭或者放假的时候，小学生们可以在家继续参与这个项目的课程，可以获得在线学习，家庭作业也可以在线交流
- 正在开发有声学习资料，身体残疾的孩子和视力有障碍的孩子是下一步

被关注的教育对象。另外，正在开发苹果手机用户的应用软件
- 艾塞克斯郡的项目工作组没有足够的资源在每一个学校实施所有的课程和活动，因此，最新展开的试点学校里更多地采取本校教师授课和在线学习的方式
- www.schoolemergencies.info（本项目的网站）
- 撰写项目文章，发表在突发事件预案社会（Emergency Planning Society，简称 EPS，一家英国乃至全球的专业机构）办的《恢复力》杂志 2011 年 2 月期上
- 在 EPS 举办的会议上（威尔士分会）做汇报演讲，在“社会预警与通告”（warning and informing the public）会议上做汇报演讲，2011 年 5 月在威斯敏斯特介绍会上汇报，2011 年 6 月在伦敦消防队奥林匹克社区恢复力会上汇报。在 EPS 举办的 2011 年会议上获得国民紧急事务秘书处（Civil Contingency Secretariat，简称 CCS）赞助项目类奖项
- 艾塞克斯郡学校教育方法项目（Essex Approach to School Education）将与公共课程衔接，并将与突发事件规划学会（Emergency Planning College，是内阁国民紧急事务秘书处内设置的一个机构）合作

备注：

社区凝聚力的发展是学校课程中必要的部分。有的教师由于缺乏专业知识而没有在教育中教导学生培养社区凝聚力。肯维岛的试点让教师们看到，艾塞克斯郡可以为了减轻学校负担而在社区开展社区恢复力的实践活动，但是在不增加学校负担的前提下也能够通过课程实现在教育中培养学生社区凝聚力，增加学生对社区恢复力的认识。这样的做法也告诉教师们艾塞克斯郡是如何提供教育资源的。

联系方式：

Rosanna Briggs

Rosanna.Briggs@essex.gov.uk

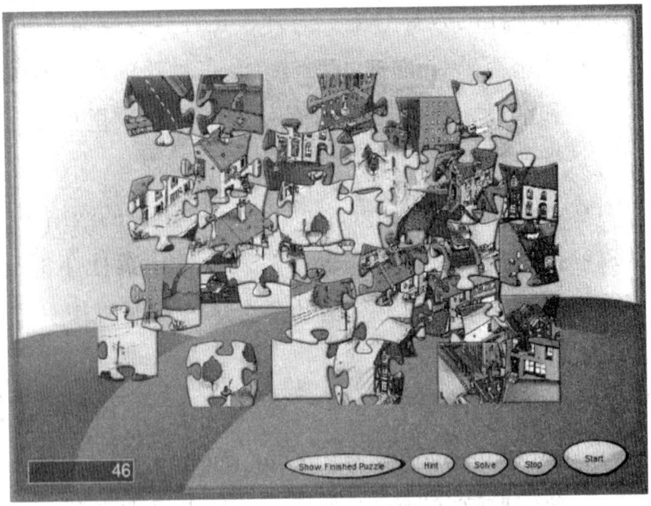

图 3.1：在线拼图游戏《如果……将会怎样》之“洪水”。左下角有计时器。右下角五个按钮分别是“显示原图”、“拼图提示”、“自动完成拼图”、“停止计时/停止自动拼图”、“开始拼图”。

图 3.2：拼图游戏《如果……将会怎样》之“洪水”的原图。右上角是关闭原图按钮。

艾塞克斯郡“通过学校增强社区恢复力”项目的网站（网址见前文案例）提供在线拼图游戏。目前有三个主题，分别是《如果……将会怎样》之“洪水”、“雪灾”、“海滨”。

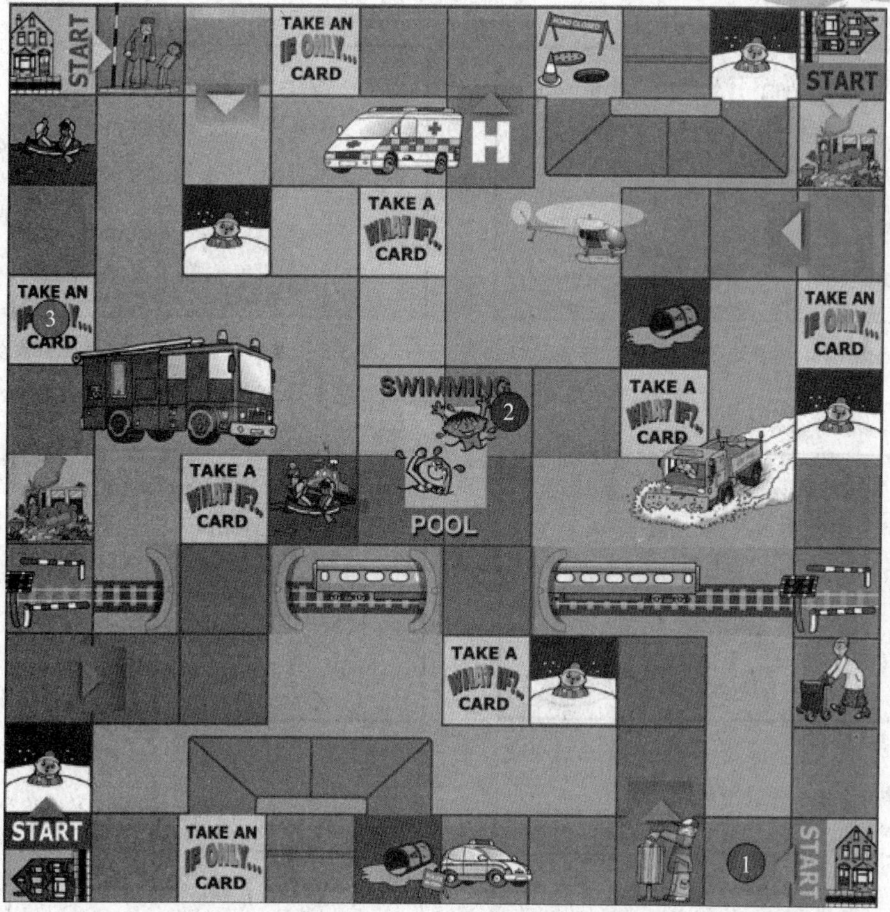

图 3.3：在线掷骰子棋盘游戏《如果……将会怎样》。在艾塞克斯郡“通过学校增强社区恢复力”项目的网站上（网址见前文案例）。游戏背景故事是几个好朋友邀约去游泳池，路遇各种情况。图为棋盘。游戏可 2—4 人参与，棋盘四角分别为四个起点，选择起点掷骰子走步数，走完一圈后按照颜色箭头指定路线拐向中心的游泳池，先到终点为赢家。图中 1、2、3 圆点分别为三位游戏者的棋子。

棋盘中设置了若干突发事件情景，例如化学药品泄漏、雨雪天气、火灾等，还设置了遇到火车通过需等待等生活常识情景。棋子走到这些位置暂停若干回合。CARD 区域，标有“if only...”的是“要是……就好了”卡片，走到此处时随机弹出卡片，卡片内容例如“下雨了，要是记得带伞就好了，暂停一个回合等待雨停。”等生活常识情景。标有“what if...”的是“如果……将会怎样”卡片，卡片内容如“我摔伤了怎么办？叫救护车直接送医院。”走到 CARD 区域弹出卡片，棋子按情景暂停若干回合或者跳至指定位置或走另一条路。棋盘上还设置有帮助老年人、捡起垃圾扔进垃圾桶等增进社区恢复力的行为，走到这些位置奖励若干步数。

图 3.4：游戏情景之一，路遇垃圾扔进垃圾桶，奖励一个步数。

图 3.5：游戏情景之一，路遇住户火灾，拨打紧急电话 999，暂停一个回合。

图 3.6：游戏情景之一，路遇洪灾，暂停两个回合等待营救。

图 3.7：游戏情景之一，被卡在雪堆里，暂停一个回合。

图 3.8："what if..." 卡之一，"我摔伤了怎么办？叫救护车直接送医院。"跳至 H 区域为医院。

图 3.9："if only..." 卡之一，"要是提前确认路线就好了，我迷路了。"暂停两个回合。

图 3.10：电子故事书《如果……将会怎样》之“发生恶劣天气”的封面

在艾塞克斯郡“通过学校增强社区恢复力”项目的网站上（网址见前文案例）可以在线阅读电子故事书《如果……将会怎样》。目前网站上有四本主题电子故事书，分别是:《如果……将会怎样》之“莫莉和本去海边”、“莫莉和本遇到洪灾”、“莫莉和本遇到停电”、“发生恶劣天气”。每本电子故事书有 14 页左右。

图 3.11：电子故事书《如果……将会怎样》之“发生恶劣天气”第 6—7 页。图中两位小朋友是莫莉和本。左图，大雪天学校停课，莫莉和本在回家的路上。突然狂风吹倒路边的大树，屋顶的瓦片也被吹落。图中的两句对话分别是应急人员说“还好没有伤到行人”和指示莫莉和本“小朋友请走另一条路”。右图是莫莉和本走到另一条街上，电线被附着上去的冰雪压塌，交通也封闭了，路面真的很滑。

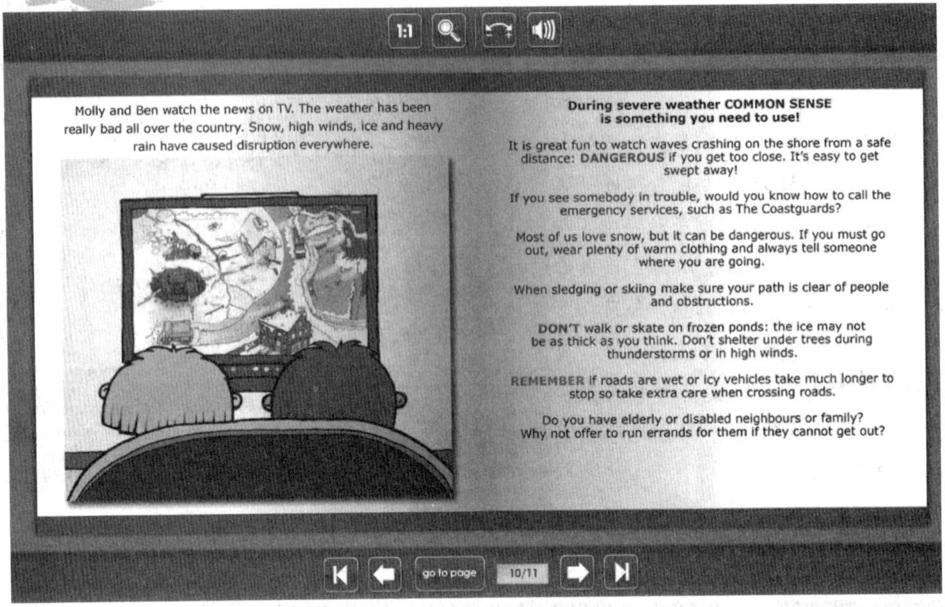

图 3.12：电子故事书《如果……将会怎样》之“发生恶劣天气”第 10—11 页。左图是莫莉和本回到家中，在家中看电视新闻报道天气情况。新闻中说恶劣天气席卷全国。大雪、狂风、冰冻和大雨造成全国各处遭到破坏。右图是故事书的结尾部分，对本书应对恶劣天气主题的总结。全文翻译如下：“遭遇恶劣天气，你需要用到这些常识。在安全距离观看狂风带起的海浪非常有意思。危险，如果你离海浪太近很容易被卷入海浪。如果你看到有人遇到困难，你知道怎么拨打紧急电话吗，例如海岸警卫队队员？我们大家都喜欢下雪，但是下雪也会带来危险。如果你必须外出，要穿着暖和，必须告诉家人你去哪里。滑雪橇和滑冰的时候，确定你前方没有人和障碍物。不要在结冰的湖面上行走：冰面可能没有你想的那么厚。雷雨和大风天气里，不要站在大树底下遮挡风雨。记住，如果路面有水或者结冰，汽车刹车需要更长的时间停下来，所以这时候过马路要特别当心。你有上年纪的或者是残疾人的邻居吗？在恶劣天气影响他们出门时，你可以去帮他们跑腿。”

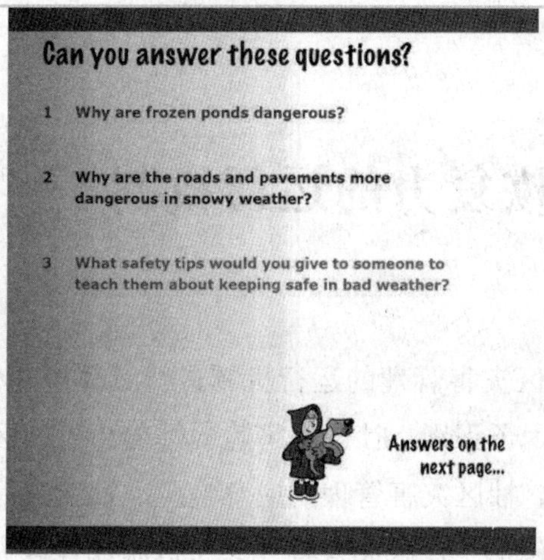

图 3.13：电子故事书《如果……将会怎样》之“发生恶劣天气”第 13 页。在电子故事书的倒数第二页给小朋友提出若干问题。全文翻译如下。“你能回答出这些问题吗？1. 为什么结冰的池塘非常危险？2. 为什么马路和人行道在雪天更危险？3. 你可以给你的朋友提什么建议，教他们在恶劣天气里注意安全？答案在封底。”

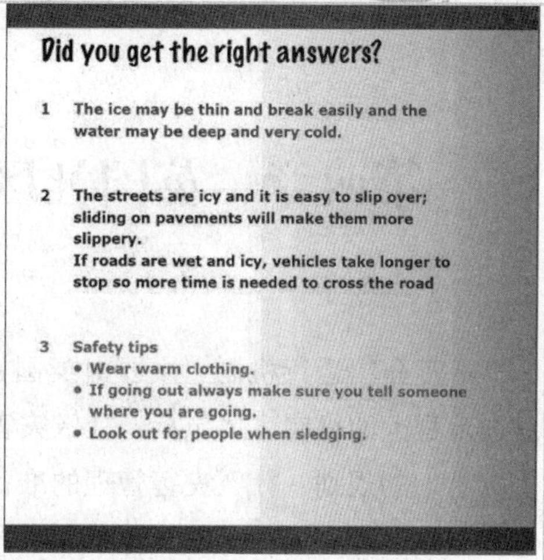

图 3.14：电子故事书《如果……将会怎样》之“发生恶劣天气”第 14 页，封底。前一页问题的答案。全文翻译如下。“1. 池塘冰面可能很薄容易碎裂，池水很深而且非常冰冷。2. 路面结冰容易滑倒；行人在人行道上滑着走让人行道更滑。如果路面有水或者结冰，汽车刹车需要更长的时间停下来，所以需要更长时间过马路。3. 安全小建议：穿着暖和；如果外出必须告诉家人你去哪里；滑雪橇时注意不要撞到他人。”

第四章　英国社区恢复力的运行机制

本章介绍运行机制。主要对英国社区灾害管理的运行机制进行具体解析。纵向流程上的机制主要包括：社区灾害因子识别、社区灾害脆弱性分析、社区灾害管理的规划、社区灾害管理的准备、社区灾害管理的应急响应、社区灾后恢复与发展等；横向上的工作机制主要包括：社区灾害管理参与机制、社区灾害管理资源动员机制、社区灾害防救能力建设机制、社区灾害信息沟通机制等。同时，针对英国的不同做法和突出亮点，进行典型案例分析。

一、建立应急预案的流程

格洛斯特郡农村社区咨询所制订了社区应急预案的建立流程。建立预案首先必须掌握社区可能面对的危险，其次需要知道面对这些危险做什么准备以及当危险发生该如何应对。然后，将所有掌握的信息汇总，落实到文字上即形成一份应急预案文本。预案文本至少包括应急管理的关键职责和工作程序等基本要点。预案还需要周期性地评估确保信息仍然准确，预案仍然满足社区应急管理的需要，若有变化，应及时进行修改。建立应急预案的流程可以按照以下六步骤完成。

表 4.1 ：建立社区应急预案的流程

步骤	内容
第一步	详细列出您的社区有可能面临的突发事件
第二步	建立社区应急管理小组
第三步	详细列出应对突发事件要做的事情
第四步	将上述内容有条理地整理起来
第五步	通过演习或突发事件检验预案
第六步	回顾和升级预案

格洛斯特郡农村社区咨询所印制了社区应急预案宣传彩页，彩页中说明了规范的社区应急预案编制程序[①]。一份社区应急预案的宣传手册将社区应急预案的编制程序划分为4个阶段，每个阶段有1—3个步骤，共9个步骤。规范地编制一份社区应急预案共需要4阶段、9步骤。第一个阶段是开始（Launch），第二阶段是调研（Evidence），第三阶段是整合预案（Agree），第四阶段是执行（Deliver）。四个阶段的英文单词首字母缩略词组成英文单词LEAD，中文有带领、领先之意，规范的社区应急预案可以称为LEAD程序，见图的程序环。LEAD程序（见表4.2）涵盖了应急预案的要点，帮助社区研究如何提升社区的应急预案。

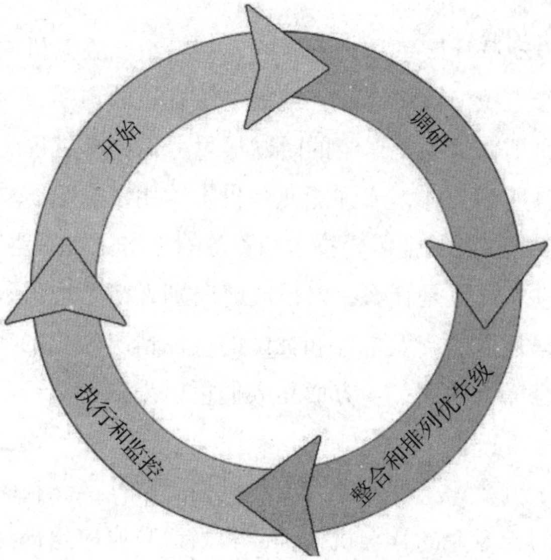

图4.1：社区应急预案编制程序的4个阶段

表4.2：社区应急预案编制的9个步骤

阶段	9步骤
开始（Launch the plan）	准备 建立工作组 首先清点现有资源和计划
调研本地需求（Evidence local need and aspirations）	掌握社区的具体情况

① “社区应急预案”，下载自格洛斯特郡农村社区咨询所网站http://www.grcc.org.uk/emergency-planning/community-emergency-planning-toolkit。

续表

阶段	9 步骤
统一意见，编制预案，确定行动的优先级（Agree and prioritise actions）	制定行动方案，排列行动的优先级别 起草社区应急预案 完成预案
执行和监控行动（Deliver and monitor actions）	执行和监控行动 检查和修改预案

第 1 阶段：开始

首先最好宣传动员社区里尽可能多的人、组织、服务机构参与到应急管理活动中来。调动参与积极性将有助于编制一份有效的预案，从长远看也有助于预案的执行。建立预案编制工作组的时候尽量考虑到全社区，这样才能在社区居民里挖掘出应急所需人才，或许能使得提供饮用水、组织救援、提供专业心理救助、安排交通，以及其他需要技术和资源的工作更快捷地进行。

要理解社区应急预案是什么，以便能够向别人清楚地解释。社区应急预案可以被看作是根据社区的突发事件和社区的具体情况做出的实际响应。实际响应包括两部分内容需要说明，一方面是人们可以采取什么行动，另一方面是什么事情人们不允许做。

预案编制工作组要让其他专业人士和机构了解社区正在编制预案，包括区政府以及相关部门、专业的社会机构等，和当地政府应急部门接洽是其中最重要的一项联系工作。与当地政府的应急部门接洽能协调应急工作和其他多项服务，特别是面对大范围和持续时间长的突发事件。教区和市镇有可能了解本地的应急管理情况。

第 2 阶段：调研本地需求

从各个途径搜集有关社区应急预案的实际情况和信息。在进行背景资料调查的时候，要注意当地突发事件的历史资料，例如照片、报纸剪报、人们的回忆等，都是有用的资料。突发事件包括：人为事故，如交通事故；自然灾害，及其后引起的灾害，都应在应急预案编制之中。

最重要的事情是向当地每一个人咨询他们心目中的应急预案可以实现什么

目标，以及现有应急预案中的栏目是否能满足实现这些目标的要求。以下这些问题在与当地人的调研中会派上用场：

- 哪些地方是我们社区里的安全隐患，可能增加突发事件的可能性
- 我们社区对您刚才提到的安全隐患进行过处理吗？如果处理过，隐患消除了吗
- 您认为应急预案是我们值得下功夫去做的工作吗
- 让当地人和组织回顾过去的突发事件，从而了解最新的应急预案应该在哪些地方进行更新

回顾历史应该包括以下内容：

- 发生过什么突发事件，发生的原因是什么
- 本地人如何互相帮助
- 突发事件的影响和后果是什么

可以根据不同被咨询人的不同情况，询问不同的问题。

找到或者绘制清晰的当地地图，能给人们指出本地发生过的突发事件的具体位置。根据地图了解那些工作或居住在社区边界线上的人们。可以跟相邻社区取得联系，建立合作关系来应对边界线上的突发事件。

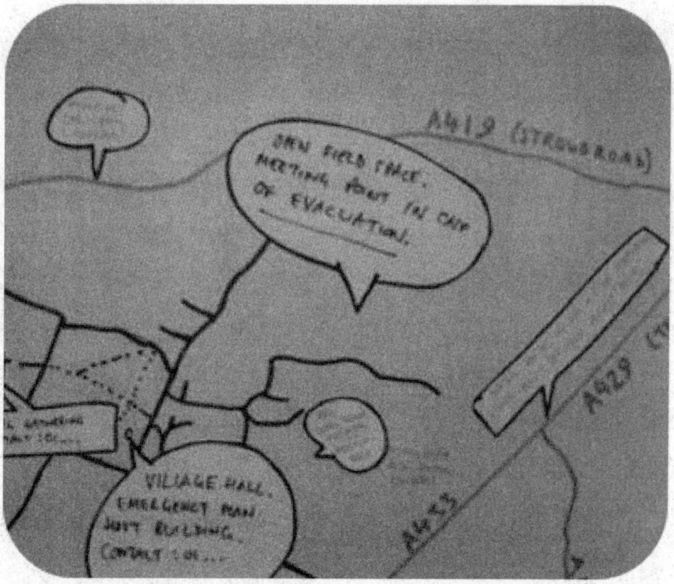

图 4.2：手绘社区地图，图中标注可用于应急的建筑、设施、道路等

第3阶段：统一意见，编制预案，确定行动的优先级

搜集了有关社区的丰富信息以后，要选择哪些内容放入预案当中。考虑的因素涉及社区具有的社会的、经济的、环境的、文化的特征，需要在社区做更进一步的咨询，对预案涉及的具体行动做深入细致的调研也必不可少。

工作组可以分成三部分内容：协调、救助和实际调研，分别由三位负责人负责。三位负责人要制定起草应急预案的时间、方式和预算。建立一支社区应急响应队（Community Response Group，简称 CRG），在突发事件发生的第一时间赶到现场，采取应对措施，因此，CRG 应该尽量选择居住或工作在社区和社区周边的人。

在这个阶段，工作组的任务包括：

- 社区面临的风险是什么？——发现社区面临的潜在风险，风险可能发生的位置，制定可以降低风险的行动。国家和地区公布的《风险评估册》可以拿来使用，根据突发事件的发生频率，有风险等级
- 本地可以调用的资源有哪些？——从最开始的调研和咨询中能获得这方面的信息。可利用的资源在突发事件发生的最初几个小时中尤其重要。这些可利用的资源必须登记得非常细致，例如村里的讲堂可以使用，钥匙由谁保管等细节不可忽视。社区应该了解诸如哪些人具有急救证书，居民希望及时获得消息的要求，还包括交通捷径和备选路线等当地情况和需求
- 重要的应急网络——让社区应急的相关者随时掌握最新版的预案。相关者包括商业公司、社会组织、法定机构和其他合作、协作者
- 做好文档管理——不要做重复的工作，白费力气

分析了调研和咨询结果以后，需要考虑社区应急预案能为我们解决什么问题，它不能解决什么问题。然后，为行动排列出优先等级。要记得，展开的行动必须符合五条原则：具体（Specific）、有意义（Meaningful）、恰当（Appropriate）、符合实际（Realistic）、按时（Timed）。五条原则的英文首字母缩略词恰好组成英文单词 SMART，中文是聪明的、机智的之意。五个原则称为 SMART 原则。再次提醒，任何本地人对应急感兴趣或有热情，都鼓励他们参与工作。

第 4 阶段：执行和监控行动

预案编制完成后，开始执行预案中的工作。记住与那些对应急工作感兴趣的人们保持联系，他们是提高社区应急管理能力的重要资源。当工作已经初具规模，也要继续鼓励其他资源的加入，获得更多帮助来完成应急任务。

要注意每 2—5 年检查全部预案并进行修改。如果原来在预案中计划完成某项预防措施，那么要检查是否已经完成，确认应急预案仍然在本地具有优先权。掌握哪些是成功的措施，这个环节对将来的应急工作有重大意义。

编制社区应急预案，同时编制居民应急手册。居民应急手册是社区应急预案的简本，告诉居民关键内容和联系方式。居民可以通过电话获得这些信息，社区也可以制作宣传手册或者夹在地方的新闻通讯中散发给住户。

重要的是进行实际演练检查预案的可行性和效果。例如，打电话检查是否半小时内能使用上村里的讲堂，或者做一次模拟演练。通过实际操作检查预案，之后务必总结实际操作的反馈，哪些内容开展顺利，哪些存在误差，并根据实际情况做修改。将社区的应急管理工作汇报给当地政府，让他们掌握这个社区的应急能力。

还要记得向公众发布社区应急管理工作的新进展，让媒体周期性地跟踪社区应急管理工作。好的公关甚至可以在工作完成之前就产生效益，可以达到事半功倍的效果。

二、案例：社区灾害响应演习[①]

项目背景：

Filey 镇是一个比较小的镇，位于北约克郡（North Yorkshire）斯卡伯勒自治市（Borough of Scarborough），居民将近 7000 户，60 岁以上的人口占 28%左右（英国全国平均水平是 21%）。根据多个机构综合发布的洪灾响应预案计算，全镇有 240 户居民处于洪灾危险范围内。2002 年 8 月 Filey 镇受到洪灾的严重影响，2007 年又经历一次洪灾。

---

① Case Study – Exercising Emergency Plans，下载自英国社区恢复案例研究网络图书馆 https://www.gov.uk/government/publications/community-resilience-case-study-library。

项目概要：

2002年洪灾以后，Filey镇镇长和议会议员关注本地的应急管理工作时发现他们的应急预案陈旧得还是有关民防和核泄漏避难所的内容。他们当即决定对现有预案进行评价，根据现行法律、Filey镇和居民的需要修改预案。因此，从2002年开始进行周期性的预案评估和修改，直到2007年再次遇到洪灾时，检验了他们的预案的效果。

2007年的洪灾证明，应急预案必须定时更新才能有效，而且居民需要定期接受培训，预案需要定期演习。演习包括电脑的虚拟演习和镇上的实际演习，镇议会和应急机构也参与演习。志愿者和社区居民觉得他们能从培训中受益。

因此，2011年4月开展的“2011.04突发事件演习”得到居民的积极配合，很顺利地完成了。这次演习是实际演习，各应急角色都要进入实战状态，整个镇的人都参与到了应急预案的演习当中。

项目的参与者和项目得到的评价：

北约克郡地方恢复力论坛（Local Resilience Forum）的很多成员都参加了“2011.04突发事件演习”，包括警察局、消防局、急救中心、北约克郡政府应急管理部门、斯卡伯勒自治市政府和志愿组织。

“2011.04突发事件演习”非常成功。通过演习，各个机构和组织实现了更好的合作，镇议会和社区的合作也加强了。参加演习的各方一致认为演习很有意义，而且对本地发生洪灾或者其他突发事件的应对更有把握。

可借鉴的要点：

- 应急管理工作必须做到应急预案定期检查和更新、定期培训和演习
- 类似“2011.04突发事件演习”的活动不仅有利于社区，而且有利于应急部门和其他相关组织。专业的合作方在演习以后更了解当地情况和当地居民需要的救援要求
- 参与演习的居民从演习中了解到镇政府对突发事件所做的预案，因此感到有安全感。通过演习，预案本身也得到检验和修改。公众经历过演习以后，可以向镇政府提供一些建议，还可以向镇政府提出居民的切身需要

下一步工作计划：

- 演习体现出了预案定期更新的重要性，定期更新预案应该成为镇政府的常规工作
- 根据演习的要求，镇政府将加入到今后的培训和演习当中

备注：

Filey 镇议会非常欢迎其他镇和教区分享经验和知识，可以通过以下联系方式联系他们。

联系方式：

Katie Speed

应急预案负责人

北约克郡地方恢复力论坛个人和社区恢复力分会负责人（NYLRF lead for Personal and Community Resilience）

北约克郡政府应急部门

电子邮箱 Katie.speed@northyorks.gov.uk

电话（044）01609 532713/07891 587364

三、案例：社区应急行动日[①]

项目背景：

泰晤士河谷社区活动（Thames Valley Community event）是中央政府实施的水位测试项目（Exercise Watermark）内容之一。泰晤士河谷社区活动用于检验应对三天以上洪灾的国家恢复力，是一年中应急管理工作的高潮，跨越泰晤士河谷区很多机构和组织。

活动由泰晤士河谷区地方恢复力论坛（TVLRF）负责。论坛希望为地方社

① Case Study – Community Exercising and Planning Day，下载自英国社区恢复案例研究网络图书馆 https://www.gov.uk/government/publications/community-resilience-case-study-library。

区举办这个应急准备活动不仅仅是为简单地应对洪灾。牛津郡议会迫切希望社区意识到洪灾只是社区所面临的灾害其中之一。议会希望社区能为意识到的有可能面临的风险做好应急准备，从而提高社区应急能力。与此同时，英国环境中心（Environment Agency，简称 EA）正在积极推动受洪灾影响地区的社区建设、社区洪灾应急预案。TVLRF 认为有必要推动社区建立综合应急预案，面对社区可能面临的包括洪灾在内的各种风险。

TVLRF 更热切地强调要将各方人士组织起来，为社区提升应急能力提供条件。以举办论坛的形式，社区应急预案的编制者能以应急响应者的身份亲自演习一番，检验自己的预案是否有实效，应急响应者也能与应急预案编制者们坐在一起，根据预案提出问题，现场探讨。

项目概要：

2011 年 3 月 12 日，泰晤士河谷区地方恢复力论坛（TVLRF）在牛津郡的 Kings Centre 举办了一个免费的社区应急行动日，包含在水位测试（Exercise Watermark）项目中的一部分。社区应急行动日非常成功，来自 65 个组织的超过 150 人参加了活动，包括社区组织、洪灾组织、教区议会和市镇议会。

社区应急行动日提供给参与者检验他们应对洪灾的能力，检验社区应急预案的效果。行动日中设有展位，展览、观看洪灾应对实际演示，与应急响应专家会谈，与其他社区交换洪灾应对经验等活动。TVLRF 下属的组织共同举办这次应急行动日，并把其他组织召集在一起，这样也让参与者能探讨多组织多部门共同合作应对突发事件的机制。

参加社区应急行动日活动并非强制性的，因此，出席此次活动的人数证明了举办社区应急行动日活动是成功的。同时，从参与者得到的反馈也证明参与者从社区应急行动日中受益匪浅。泰晤士河谷区地方恢复力论坛因此而荣获国家水位测试项目（national Exercise Watermark planning team）颁发的“最佳社区活动”奖。

项目的参与者：

- 社区应急行动日最成功之一是将多机构合作带入应急预案。参与的机构有：

- 地方政府
- 泰晤士河谷地区警察机构
- 牛津郡的国家医疗服务系统（NHS）
- 国家环境中心（Environment Agency）
- 消防机构
- 圣约翰（St John）救护
- 国家洪灾论坛（The National Flood Forum）

行动日还非常有幸邀请到 Rt Hon Richard Beynon (MP) 出席并作了重要发言，广受好评。

组织这次社区应急行动日的活动对水位测试项目工作人员来说也是一项挑战，占用了很大比例的项目工作人员，划拨了一个专门的接待与协调工作组，来实际负责此次活动。工作组在筹备的三四个月间召集了大量的工作会商量有关事宜。包括牛津郡议会指派来的工作人员在内的工作小组投入了大量的时间和精力筹备行动日。

项目的成效：

社区应急行动日举办之后，我们收到参与者的大量反馈，肯定活动的积极效果。参与者对环境中心和牛津郡消防机构做的实际应急演示印象特别深刻。通过将众多社区的管理者召集在一起，很多机构与当地的各个社区、教区议会建立了新的关系。作为社区应急行动日的效果，社区应急预案工作得到了促进。

可借鉴的要点：

社区应急行动日强调了这样一个事实，参与者都非常希望学到更多的有关他们在应急响应中的角色需要做的工作，参与者也都非常关注他们可以利用什么资源。对将来举办多机构参加的社区应急相关的活动，很多机构也表示出很大热情，同时他们也愿意继续与社区交流经验，分享理念。

从参会者的反馈中得到的一个信息是，洪灾的灾后重建特别需要保险行业。

下一步工作计划：

社区应急行动日活动举办以后，TVLRF 编辑了一份通讯继续追踪活动期间参会者提出的议题的后续进展。地方政府继续动员社区应急参与。牛津郡议会将要为教区和市镇议会举办一系列活动。全部的经验与所学总结在水位测试项目报告中。

备注：

社区应急行动日这样的活动以讨论已经实施的应急工作为主，通过媒体提升预案的影响力，支持地方社区工作。

联系方式：

Bethan Morgan

应急管理专员

Bethan.morgan@oxfordshire.gov.uk

四、案例：社区洪灾监控员方案[①]

项目背景：

2007 年发生的洪灾对唐卡斯特市造成了严重的毁坏。监控员计划的产生来自居民们的要求，同样的洪灾损失不重复发生，也来自从洪灾后果中吸取的经验教训。这次洪灾造成的损失有：

- 唐卡斯特市（Doncaster）有 48 个地区受到影响
- 3286 所住宅被淹，其中 2275 所遭受重大毁坏
- 283 个商业机构受到直接影响

2007 年秋季召开会议总结了这次洪灾的经验和教训，参会者有居民代表、商业代表、媒体和其他一些人。会议的总结如下：

- 当灾难来临时，人们感觉无助，感觉丧失了抵抗的力量
- 明显缺乏关于洪灾风险的公共知识，因此影响应急响应的速度和质量

① Case Study – Community Flood Warden Scheme，下载自英国社区恢复案例研究网络图书馆 https://www.gov.uk/government/publications/community-resilience-case-study-library。

• 政府机构需要调整他们的洪灾风险管理，特别是需要掌握居民居住的位置和相关信息，充分利用通信工具，降低洪灾带来的损失，提早预警来加速应急响应

社区洪灾监控员方案是根据 2007 年洪灾的教训专门制定的对策，这个方案备受重视。有五个洪灾高风险地区，分别是 Beutley Town End，Fishlake，Kirk Bramwith，Sprotborough South，Sprotborough North and Toll Bovr，如地图中标示的地区。

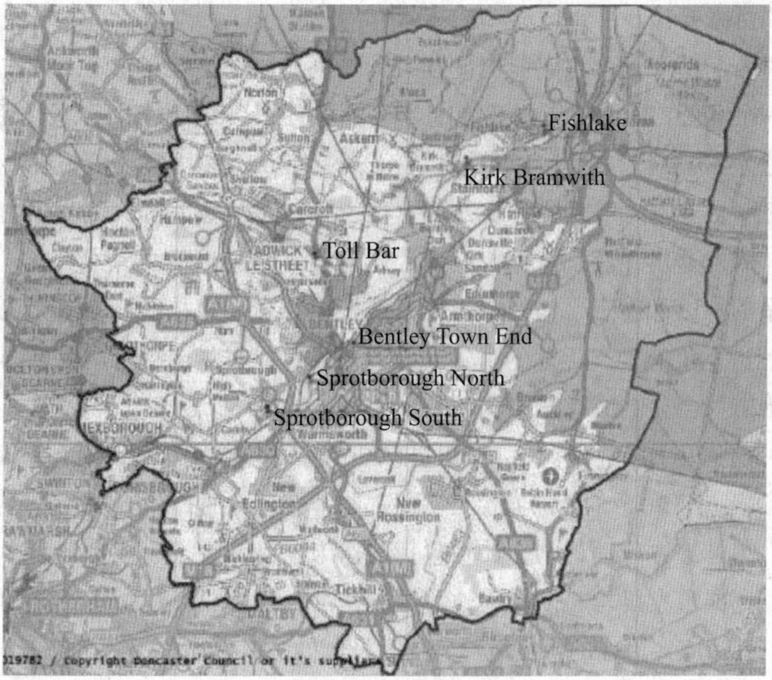

图 4.3：唐卡斯特市洪灾高风险区

依照洪灾监控员方案，这五个地区在 2011 年 9 月的时候已经拥有了很大数量的洪灾监控员。国家环境中心和地区机构，如唐卡斯特市议会、南约克郡警察机构、南约克郡消防机构以及其他机构，投入到这个方案中。当地居民被发动起来担当洪灾监控员，发挥这个方案的功能：

• 当地居民担任洪灾监控员，使得当地居民在任何洪灾预案工作中有了积极主动的声音

- 居民和政府部门共事，共同管理公共资源用于洪灾预防与缓解的各种议题，地方知识和专业技术知识同时有效利用
- 通过培训居民做洪灾监控员巡查河段，报告河段情况，正式建立稳定的联络关系，例如和环境中心洪灾室（Environment Agency Flood Incident Room）建立直接联络，潜在的洪灾警报能得到更早的传达
- 洪灾监控员在社区应急联络中处于核心地位，担负对周边居民和商户进行应急宣传教育、联络沟通等

项目概要：

唐卡斯特市社区洪灾监控员方案是国家与地方政府合作防洪方式中特别有效的一个案例，而且这个方案能让当地居民在社区应急中发挥积极作用。

这个方案是地方社区成员们、唐卡斯特市议会和国家环境中心多方之间的合作机制。方案的产生是由于2007年Don和Ea Beck两条河发生洪灾侵袭周边社区，吸取这次经验和教训，设计了该方案。通过方案的具体实施，发展了相当数量的社区志愿者，他们成为第一线的监控员。当社区面临洪灾风险时，洪灾监控员不仅有助于迅速的洪灾响应，而且可以尽早向社区居民、国家环境中心和地方议会提供预警信息。

目前唐卡斯特市有5支监控员队伍，其中4支在Don河沿岸，1支在Ea Beck河沿岸。每个部分的监控员队伍都制订有各自的行动计划，包括：

- 制订志愿行动计划，计划包括与唐卡斯特市议会、国家环境中心、南约克郡警察机构，以及其他关键机构的合作方式。通过志愿行动计划促进社区应对潜在的洪灾风险，提高社区的防洪能力
- 改善防洪设施，例如安装为居民检测河水水位的模板，检修防洪墙，检修防洪堤坝
- 细致地探查河道，掌握河道的具体特征，向国家环境中心提供本地河道变化信息，及早预警。从而，很大程度上增加了对潜在洪灾的响应时间

社区洪灾监控员方案的实施，带来的结果是本市洪灾风险降低了，社区比以前对洪灾更有应对准备，相关的机构和组织的应急能力被加固而更有信心，也得到更多信任。该方案的成功让公众接受社区洪灾监控员的能力，这套方案被介绍到其他地方的社区，更多社区加入更能保护河道沿岸地区。如果河道沿

岸的社区都能加入到这项方案中，社区监控点时时监控每段河道，提高河道预警，未来几年中，城市、社区和居民都将受益于此。

项目的参与者：

唐卡斯特市议会（负责人是 Rosalind McDonagh）

议会中设立了议员组成的执行组

国家环境中心

社区负责人

南约克郡警察机构

当地居民

项目的成效：

通过与洪水治理机构一起工作，社区洪灾监控员能够识别和掌握以下方法，帮助他们的社区减少洪灾影响：

- 在适当的位置测定新的水位
- 修正排水沟的水流
- 维修洪水防护墙
- 维修洪水防护堤坝
- 安装防洪设施，启动应急响应设备
- 在社区中宣传洪灾风险的知识
- 在社区建立工作组，工作组是社区洪灾预防、响应及学习洪灾知识的核心力量
- 建立社区应急响应预案，准备应急工具包
- 建立社区层面的预警机制

社区洪灾监控员通过与洪水治理的机构接触和工作，学到丰富的知识，他们运用知识积极主动地研究他们的社区为什么会发生洪灾，并且带领洪水治理的机构巡视社区，带他们实地看社区关注的问题。

监控员在工作中慢慢掌握的知识包括：能具体地掌握在社区河段和整个唐卡斯特市河段的河堤和防洪堤坝的工作原理，排水系统和水泵的工作原理，用电子控制的方式从国家环境中心和国家气象局（Met Office）获得气象预警服务

的即时信息。社区洪灾监控员运用这些知识，评价应急预案和规划政策，提出防洪堤坝维修的建议。

居民在需要的时候可以找社区洪灾监控员。监控员愿意和居民分享专业知识和应急响应预案。监控员还用他们的专业知识与社区组织合作，像“租户与居民协会”计划、“区域再生”计划（area regeneration initiatives）中的合作。

五支监控员队伍的效力受到水位测试（Exercise Watermark）项目的检查。水位测试项目是政府在得到《皮特研究》以后采取的行动。检查的结果发现：

- 有监控员队伍的社区较之以前对预案的可行性和减少洪灾影响更有信心
- 监控员非常清楚自己的责任
- 正式的应急指令（银级）运行得非常好，正如在检查后的报告中强调的。（英国按照应急的等级不同分成金、银、铜三级）

可借鉴的要点：

唐卡斯特市社区洪灾监控员方案的成功是很多年努力的成果，而且是信任、信心和知识技能的不断积累。从过去 4 年中总结，有三个要点：

认真听取社区可以提供什么。正如这个案例要说明的，只有通过直率的、公开的沟通和政府实实在在的实现承诺，政策才能快速、有效地实施。政府认真地了解社区里具有的当地技能，才能做出有价值的决策。

兑现承诺。2007 年洪灾过后，公众对唐卡斯特市议会和其他政府部门的信心降低，从那时开始政府部门已经负担不起不能兑现的公共承诺了。政府做的任何一个保证和承诺都必须是现实的并且是必须实现的。政府在监控员方案中所做的减少洪灾风险的努力增强了公众对政府的信心。

合作是成功的关键。这个方案是一个所有相关的人员和组织机构的合作机制，方案的成功取决于非常有效地将当地知识、志愿者们的热情和专业技术结合起来。这种合作机制将对政府部门的工作起到很大的支持作用。五个地区之间的开放、坦率和定期沟通促成了方案的成功开展。

下一步工作计划：

虽然唐卡斯特市社区洪灾监控员方案发展得非常好，但是他们认为还能拓展出更多能力，现有能力也可以更进一步提升。

- 拓展社区洪灾监控员的角色。监控员作为社区的人才资源已经被认可，而且被认为值得信任。不仅如此，监控员也被认为是在洪灾以外的其他突发事件中能支持应急响应的社区力量。社区监控员机制是一个已经建设得完整而有效的机制，能适时地传递社区风险信息，例如狂风、火灾等。虽然方案中目前没有规定洪灾以外的其他突发事件，但是社区监控员在应对时同样奏效。下一步需要考虑的是，什么类型的社区应急任务是适合给监控员增加的任务，应该在方案中进一步研究
- 为成员的发展有更强的作用。社区洪灾监控员队伍长期与监控成员（Ward Members）、教区议会合作。监控员将更多地从合作中受益。这种合作以及从合作中获得的知识能保证监控员得到社区管理者的支持，也能让监控员更了解自己的角色，掌握技能，从而更多地参与社区应急活动
- 建立更多的洪灾监控员队伍。监控员队伍已经合理地分布在洪灾风险区，但是社区在未来面对洪灾风险时还有更多的任务需要社区来完成，而且洪灾预警需要河流沿岸的社区一个一个将警报传递下去。因此需要在更多的社区里建立洪灾监控队伍。接下来的目标社区是 Adwick-le-street 和 Kirk Sandall 两个地方
- 提高与其他机构的合作效率。沿河流的社区组织之间的联系应该延伸至唐卡斯特市以外的社区。这就涉及与谢菲尔德市（Sheffield）、罗瑟勒姆市（Rotherham）和韦克菲尔德市（Wakefield）政府之间的合作

当然，也非常有必要继续支持已经建立起来的社区监控员队伍，修改方案，提升方案。下一步的工作围绕的目标是：

- 致力于“将工作做得更好”，包括与 Adwick-le-street 和 Kirk Sandall 两个地方合作，鼓励那里的社区居民参与进来
- 未来在设施上的发展是在 Ea Beck 河沿岸将公众的关心与防洪堤岸的完整性联系起来

将来的经验将继续和同仁、居民、关注这个项目的人们一起分享，检验这个项目是否在未来若干年内仍然适用。

备注：

能取得今天的成绩，在过程中其实也遇到了很多困难：

- 2007年洪灾带来的公众的恐慌与阻力。公众对洪灾响应的信心降低，而且公众和商户们一开始对监控员方案表示怀疑。后来，因为政府做了切实的承诺并且实现，而没有向公众过度许愿，参与到方案中的政府人员和居民发现这样的合作机制对大家都很有益处，所以逐渐克服了来自公众的困难
- 在洪灾风险区附近储备应急物资。以前重要地区附近缺乏应急物资储备，影响了洪灾的响应，也不能及时协助社区应急。现在利用南约克郡社区基金（South Yorkshire Community Foundation，简称SYCF，基金网站是http://www.sycf.org.uk/）在非洪灾风险区建立了应急物资储备，洪灾监控员和政府应急部门都可以使用，也可以用于合作行动的会议和信息沟通。仓库建立在使用范围的中心地区，由当地的商户提供。社区洪灾监控员确保仓库储备有必需的设备能快速、有效和有力地应对灾害，例如道路封闭指示牌、便携收音机、便携手电、洪灾地图和响应预案等，所有这些可以由社区和政府应急机构使用
- 内部阻力。方案里遇到议会内部阻力的一项规定是允许社区洪灾监控员有权力在洪灾期间封闭道路。经过协商，开始起草一份临时规定，后续的步骤也将陆续进行。这件事显示出社区洪灾监控员和议会之间互相信任和理解。2007年洪灾以后，社区洪灾监控员很快认识到为了避免洪灾危及驾车经过的人，避免车辆驶过把路上的洪水推到路边的住户，必须及时安全地封闭道路。协议允许社区洪灾监控员的负责人在协议允许和与唐卡斯特市议会交通管理部门达成一致的条件下封闭道路。这是2007年洪灾时没有过的事情，当时没有封闭道路增加了社区的焦虑和无力感

联系方式：

Rosalind McDonagh
Rosalind.McDonagh@doncaster.gov.uk

图 4.4：社区洪灾监控员宣传彩页

图片的左上角是唐卡斯特市议会标志，右上角是国家环境中心标志。大标语是“您可以成为一名洪灾监控员，帮助您的社区”。图片下方标注出洪灾监控员的任务有：为您的社区做好准备；与您的邻里组织合作；向邻居传递信息；监控地区河水水位，与国家环境中心合作。图片的末端提供了参加当地洪灾监控员队伍的电话联系方式，还有唐卡斯特市政府的网站地址，在这上面有更多相关内容。

五、社区风险评估册

英国地方政府编制社区风险评估册。评估册是根据当地具体的人文、自然环境、历史记录、专家研究等综合分析当地社区在未来 5 年中可能面临的突发事件总表，以及为突发事件分级别。英国各地有风险顾问小组，风险顾问小组指定公共服务机构为专项风险评估的负责机构。风险顾问小组汇总各公共机构的专项风险评估报告，会同责任评估机构研讨和修改，形成社区风险评估册。社区风险评估册发布在地方恢复力论坛的网站上，供社会使用。社区可以使用当地风险评估册，对社区进行风险评估，制订和修改社区应急预案，进行应急准备。风险评估册中的风险评估是概括的情况，每一项风险评估单独成册，有评估的详细内容。以下以伦敦社区风险评估册为例。伦敦社区风险评估登记册中翻译了部分自然灾害或者与自然灾害相关的风险评估，其他类型的风险评估略。

伦敦社区风险评估册①（节选）

根据 2004 年《国内紧急状态法》和 2005 年《国内紧急状态法案执行规章草案》的 15（1）号执行规章草案［Regulation 15（1）］编制。2011 年 9 月，1.0 版。

修改记录

日期	版本	修改人	修改内容
2011 年 6 月		伦敦消防局——应急预案 London Fire Brigade – Emergency Planning 简称 LFB-EP	删除重复文件：本《伦敦地方恢复力论坛社区风险评估册》取代 2011 年 4 月发布的六个地方社区风险评估册，分别是中心部伦敦恢复力论坛以及北中心、东北部、东南部、西南部和西部伦敦恢复力论坛。此变动反映出伦敦恢复力的结构变化和其他 6 个伦敦恢复力论坛地区归并入统一的一个伦敦地方恢复力论坛
2011 年 6 月	0.1	LFB-EP	6 个地方的风险评估册合并成统一的一个伦敦社区风险评估册。每项风险的影响和发生可能性评分是六个地方的平均值
2011 年 7 月	0.2	伦敦恢复力小组 London Resilience Team，简称 LRT	伦敦恢复力小组的资料做重定格式和调整
2011 年 9 月	0.3	LRT	经伦敦风险顾问小组（London Risk Advisory Group，简称 LRAG）会议讨论进行修改

① 下载自伦敦政府网站 http://www.london.gov.uk/mayor-assembly/mayor/london-resilience/risks。

分发记录

日期	事项	版本
2011 年 6 月 28 日	总结报告提交给伦敦地方恢复力论坛	0.1
2011 年 9 月 19 日	草稿提交给伦敦风险顾问小组	0.2
2011 年 9 月 21 日	草稿给伦敦恢复力项目委员会（London Resilience Programme Board）传阅	0.3
2011 年 10 月 10 日	伦敦地方恢复力论坛批准 0.3 版	1.0

伦敦社区风险评估册：高等级风险概况

风险编码	简称	页码	风险编码	简称	页码
H21	严重内陆洪灾		HL24b	脑膜炎疾病	
HL18	河流或地表径流		HL102	飞蛾灾害	
H23	全国流行感冒		H26	人畜共患动物传染病	
H43	通信中断		HL23	桥梁倒塌	
HL16	地方海岸 / 潮汐洪灾		H44	水库倒塌	
HL19	地方河流洪灾		HL21	土体移动	
HL28	燃料储存地点发生局部火灾或爆炸		HL22	建筑物倒塌	
H45	地区电力因技术故障而中断		H11	放射物泄漏事故	
HL3	工业事故泄漏少量毒气		H14	食品链污染	
H12	生物物质泄漏		H16	航空事故	
H46	无关工作中生物物质泄漏		H7	天然气管道密集处爆炸	
HL4	受控水质污染		HL30	天然气总管道局部爆炸	
HL9	航空事故		H8	特大有毒化学物品泄漏	
HL11	铁路事故		H9	重大有毒化学物品泄漏	
HL12	有危险化学物品运输的事故		H49	基础设施引发饮用水中断	
HL14	涉及燃料 / 爆炸的公路事故		HL25	易燃气体终端起火或爆炸	
H17	暴风雨和大风		HL7	工业爆炸和重大火灾	

续表

风险编码	简称	页码	风险编码	简称	页码
H18	严寒天气和大雪		H4	燃料、易燃 / 有毒液体仓库爆炸或起火	
H19	主要海岸和潮汐洪灾		HL34	国内水域或临近水域，有客船起火、遇洪灾、发生碰撞	
HL17	一个地方海岸和潮汐洪灾		HL8	国内水域或临近水域，或在内陆河道有客船起火、遇洪灾、发生碰撞	
HL20	山洪、骤发洪水		H25	非人畜共患动物传染病	
H50	干旱		H5	海岸燃料管道起火	
HL22a	大建筑物倒塌		H15	海洋污染	
HL105	复杂建筑环境		HL33	森林或荒地火灾	
H22	流行感冒		H35	重要铁路或伦敦地铁罢工	
H24	紧急传染疾病		HL10	地方高速路和干路事故	
HL42	罢工等引起危及人身安全		HL37	海上事故导致有害化学物品泄漏	
H30	罢工引起紧急消防和救援				
H38	重大油 / 气设备技术故障				
H39	水利基建故障或污染				
H41	全国电力中断（黑启动）				
H48	高温天气				
H40	突发通信中断				
H31	限制加油站供应燃料				
H37	非英国公民大量涌入英国				
HL24a	军团杆菌疾病				

介绍和背景

2004 年国内紧急状态法要求公共服务部门的应急者时时评估突发事件的风

险，时时评估风险使得应急者或应急机构便于发挥他们的功能。风险评估册是伦敦恢复力各机构用于评估高发事件、评估恢复力活动优先级的办法。

伦敦社区风险评估册中的风险代表最严重的情况，但是不代表评估册中的风险必定发生，也不代表一旦发生就会像评估册中描述的一样严重。评估册中描述的最严重情况是根据历史和科学数据分析、建模、趋势监控和专业判断得出来的结果。

伦敦社区风险评估册不包括为举办的活动或事件做风险评估，为举办的活动或事件做预案需要覆盖多个专项的预案和风险评估。不过，在准备 2012 年奥运会和残奥会时，伦敦风险顾问小组密切参加制订伦敦奥林匹克恢复力计划（the London Olympic Resilience Planning Assumptions，简称 LORPA），为计划制订提供具体细节和地方资料。

风险评估过程的 6 个步骤

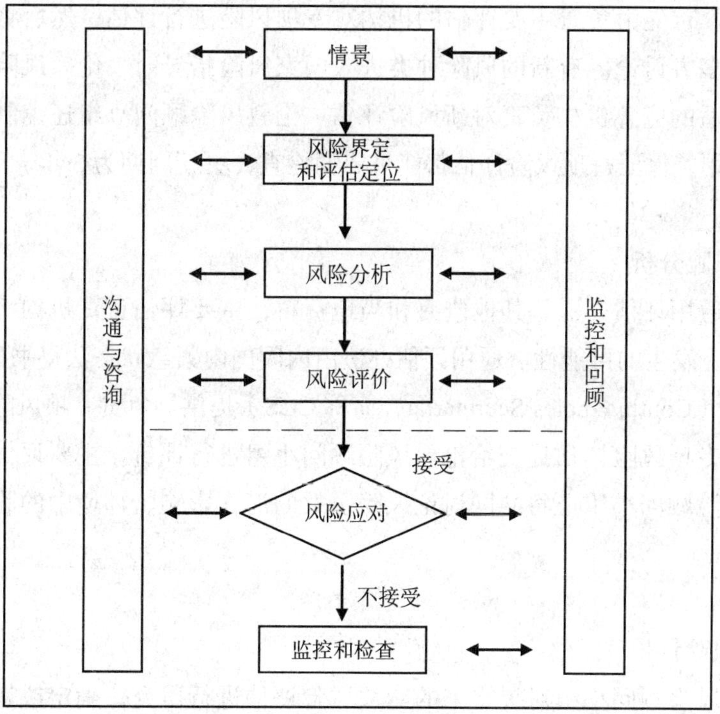

1. 情景

伦敦风险顾问小组编制“伦敦社区风险评估册：维护和回顾的政策”（London Community Risk Register: Policy for Maintenance and Review），描述用于风险评估和列出相关者的范围和程序。伦敦风险顾问小组还编制了“实际状态下的伦敦风险”（London Risks In Context）。因为伦敦的具体特征会影响风险发生可能性和风险影响的评估，所以该文件也归纳了伦敦的特征，包括对脆弱性和恢复力等因素的认识。

2. 风险界定和评估定位

根据“地方风险评估指导”（Local Risk Assessment Guidance），伦敦风险顾问小组界定了威胁和风险。根据他们的观点，界定出来的威胁和风险是未来 5 年中伦敦有可能发生的突发事件。

伦敦风险顾问小组为专项风险指定公共服务机构作为专项风险评估的主要评估机构。首先由负责主要评估的机构对专项风险进行评估，然后将风险评估报告进行多方讨论。有新的风险种类进入国家风险指导时，伦敦风险顾问小组再确定合适的应急机构负责对新风险评估。伦敦风险顾问小组还编制了一份循环回顾计划，保证每项风险评估都能被定期检查，更新周期为 3 年。

3. 风险分析

利用通用评估办法、其他研究和当地资料，主要评估负责机构将考虑未来五年中风险发生的可能性。通用评估办法由内阁国内紧急状态法秘书处（Cabinet Office Civil Contingencies Secretariat，简称 CCS）提供。负责专项风险评估的公共部门将专项风险评估提交给伦敦风险顾问小组进行评价。主要评估负责机构和伦敦风险顾问小组还将共同讨论风险引发的潜在影响、环境中的脆弱因素等问题。

4. 风险评价

伦敦风险顾问小组对提交来的专项风险评估进行研究，确定或者恰当地修改对风险的评估。经确定的风险评估进行整理和合并，然后写入社区风险评估册。伦敦风险顾问小组将中央政府根据地方风险评估指导提供的危险状况进行合并，归入社区风险评估册，但是不对其发生可能性和影响进行评估。伦敦风险顾问小组的风险评估强调对风险和威胁已经具备的能力和减少风险的计划。并且：

- 考虑风险的可接受性
- 确认风险处置的可选择办法，并推荐给伦敦地方恢复力论坛
- 给伦敦地方恢复力论坛推荐风险和灾害的评估等级

伦敦地方恢复力论坛根据社区风险评估册和伦敦风险顾问小组的建议，综合考虑风险评估。

5. 风险应对

评估风险应对的不足。对额外的风险提出可选择的应对办法，由伦敦地方恢复力论坛认可，归纳到伦敦地方恢复力论坛提交计划中，包括对主要应急机构的界定。

6. 监控和检查

每 3 年一次对风险评估进行正式的检查。但是，认为需要时，随时检查和更新风险评估，包括根据每年出版的地方风险评估指南检查风险评估，根据演练和突发事件修改风险评估。

关于社区风险评估册第 3 部分，总结的风险或特殊情况，例如对结果的描述，不代表伦敦地区恢复力论坛认为风险成为现实，也不意味如果发生就一定是在评估册描述的范围和程度内。风险情境是根据风险评估对风险进行合理的最坏预测。

风险发生的可能性评估是有关未来五年有可能发生的风险和对风险影响程度的描述。风险影响程度是对风险进行合理的最坏预测。

作为风险评估过程的一部分，伦敦地方恢复力论坛将持续研究风险发生的可能性和影响。

风险评估不是静态的，而是持续地检查。因此，社区风险评估册中的信息将定期更新。

伦敦社区风险评估册图解

伦敦社区风险评估册中确认的每一项风险都有非常详细的单独成册的专项风险评估，伦敦社区风险评估册只提供概括归纳信息。

风险编码：

H——全国和地方响应

HL——地方响应

LA——地方适用

风险类型：描述风险的情境。

结果描述/详细信息/相似类型：描述风险情境，是合理的最坏预测/提供额外信息/从国家风险预测中列出地方风险类型区分。

发生可能性：在伦敦恢复力论坛范围内未来5年发生的可能性，1分（低）—5分（高）。

影响：风险发生产生的影响，1分（低）—5分（高）。

风险评级：综合考虑风险发生的可能性和产生的影响（非常高、高、中、低、不适用）。

主要评估机构：评估该风险的主要公共服务部门。

LFB——伦敦消防局（London Fire Brigade）

EA——英国环境中心（Environment Agency）

MCA——英国海事和海岸警备局（Maritime and Coastguard Agency）

DfT——英国交通部（Department for Transport）

MPS——伦敦警察局（Metropolitan Police Service）

恰当控制能力：对风险产生的结果做出适当响应的能力。

检查日期：最近一次检查风险评估的日期。

编码	类型	结果描述 / 详细信息 / 相似类型	发生可能性	影响	风险评级	主要评估机构	恰当控制能力	检查日期
工业事故和环境污染								
HL25	易燃气体终端起火或爆炸，包括液化石油气 / 液化天然气仓库	结果描述：波及最大范围方圆 1km，最大死亡人数 50 人，伤 150 人 相似类型和详细信息：一旦供料管线被隔离，事件只持续短时间。如果爆炸毁坏了控制仪器，仓库事件可能持续数天。造成环境影响，包括大范围空气质量下降	低（1）	中（3）	中	LFB		
HL7	工业爆炸和重大火灾	结果描述：方圆 1km，伤亡 20 人，有严重受伤者。爆炸可能引起挤压、切割、挫伤等类型外伤，还有烧伤 相似类型和详细信息：这种类型的事件或多或少平均分布在全国	较低(2)	较小（2）	中	LFB		
H4	燃料、易燃 / 有毒液体配送站或仓库或高压罐仓库爆炸或起火	结果描述：方圆 3km，死亡 10—150 人，伤 100—2000 人。可能短期内影响航空运输，直至重新开始供给燃料；导致短期内地方医疗服务不足；短期内封闭地方道路 相似类型和详细信息：结果描述基于大型工业综合或燃料仓库临近人口稠密地区，例如城市地区	低（1）	巨大（5）	中	LFB		
HL28	燃料配送站或易燃 / 有毒液体灌装仓库发生局部火灾或爆炸	结果描述：方圆 1km，死亡 15 人，伤 200 人 相似类型和详细信息：造成环境影响，包括大范围空气质量下降	较低(2)	中（3）	高	LFB		

续表

编码	类型	结果描述 / 详细信息 / 相似类型	发生可能性	影响	风险评级	主要评估机构	恰当控制能力	检查日期
H5	海岸燃料管道起火或爆炸	结果描述：方圆 1km，死亡 100 人，伤 500 人 相似类型和详细信息：结果描述基于发生地临近人口密集地区，例如城市。造成环境影响，包括持续的大范围空气质量。这种类型的事件或多或少平均分布在全国，在某些海岸和工业区发生的可能性更大	低（1）	中（3）	中	LFB		
H7	高压天然气管道爆炸	结果描述：当地死亡 200 人，伤 200 人 相似类型和详细信息：结果描述基于发生地临近人口密集地区，例如城市。造成环境影响，包括持续的大范围空气质量。这种类型的事件或多或少平均分布在全国	低（1）	中（3）	中	LFB		
HL30	天然气总管道局部爆炸	结果描述：死亡 100 人，伤 100 人 相似类型和详细信息：同 H7	低（1）	中（3）	中	LFB		
H9	重大有毒化学物品泄漏	结果描述：方圆 3km，死亡 50 人，伤 2000 人。造成环境污染及其他环境影响。根据污染的性质和程度，可能影响到空气、土地、水域、生物、农作物、废物处理。此类风险可能需要对污染进行补救和净化。当地短期和长期医疗服务的特殊需要。水源供给可能存在危险。农场污染可能导致避免从此处生产食品 相似类型和详细信息：例如氯泄漏或者大型工业的综合或化学仓库临近人口密集区，例如城市。M25 公路沿线有一些这样的地点。国内某些部分发生此类事件的可能性比较大	低（1）	巨大（5）	中	LFB		

续表

编码	类型	结果描述 / 详细信息 / 相似类型	发生可能性	影响	风险评级	主要评估机构	恰当控制能力	检查日期
HL3	局部工业事故，泄漏少量毒气	结果描述：方圆 1km，死亡 10 人，伤 100 人 相似类型和详细信息：这种类型的事件或多或少平均分布在全国，在某些海岸和工业区发生可能性更大	中（3）	中（3）	高	LFB		
H11	不正确使用或者处理放射材料，导致放射物泄漏事故	结果描述：死亡 5 人，受辐射污染 100 人需医疗监控。很多担忧的人们会到医院就诊；放射可能传播数公里，但是浓度稀疏；造成环境污染及其他环境影响；根据污染的性质和程度，可能影响到空气、土地、水域、生物、农作物、废物处理；此类风险可能需要对污染进行补救和净化 相似类型和详细信息：放射物质来自医院放射治疗仪器的医疗来源	低（1）	严重（4）	中	EA		
H12	病菌生长设备泄漏生物物质，例如从培养病菌的实验室	结果描述：死亡 10 人，病情严重或非直接影响的伤者 1000 人 相似类型和详细信息：假定泄漏发生在城市地区。生物制剂从培养皿中泄漏，例如实验室人员、动物感染。这种类型的泄漏也可能成为 H23—H26 事件的来源	较低（2）	中（3）	高	医疗卫生机构		
H46	无关工作或工业过程中生物物质泄漏，例如不正确维护建筑环境控制系统导致的军团杆菌	结果描述：死亡 10 人，病情严重或非直接影响的伤者 1000 人 相似类型和详细信息：在不相关的工作、活动或工业过程中与军团病菌有特别接触，对湿冷却系统中的军团病菌疏忽大意。湿冷却系统如冷却塔、蒸发冷凝器，空气控制系统如加湿器和工业空气洗涤器	较高（4）	中（3）	高	医疗卫生机构		

续表

编码	类型	结果描述 / 详细信息 / 相似类型	发生可能性	影响	风险评级	主要评估机构	恰当控制能力	检查日期
H14	涉及食品链的严重污染事件起因：1. 工业事故，例如化学、微生物、核能，影响食品生产地，例如切尔诺贝利、海上石油泄漏、动物疾病。2. 动物饲养污染，例如二噁英、疯牛病。3. 起因于生产过程，例如辣椒粉掺杂苏丹红 1 号，三氯氰胺污染的牛奶	结果描述：此类事件可能直接影响动物和消费者的健康。食品引发的公共卫生事件波及程度不同，这里只描述一种影响较小的事故，死亡人数 5 人，受伤人数 50 人。另外还涉及食品生产和销售，范围和地区影响不同。消费者信息可能也因此受到影响，使得食品失去市场竞争力。主要食品发生问题，例如面包和牛奶，可能导致潜在的恐慌抢购 相似类型和详细信息：相似事件发生在比利时，动物饲养被二噁英污染，导致动物和畜产品被污染	较高（4）	较小（2）	中	地方政府		
H15	海洋污染	结果描述：相似类型和详细信息：10 万吨原油溢出到泰晤士河口，污染 200km 海岸。大量污染物进入河流，污染河堤和河道结构，港口采取 2 道、3 道污染响应。污染可能来自伦敦行政区范围内，也可能来自东部，潮汐将污染传播到伦敦行政区范围内 相似类型和详细信息：大型满载的油轮驶向英国港，例如泰晤士河口，油轮满载，这时刮东北风，又有潮汐涌向泰晤士河口，就有可能发生污染事件	低（1）	较小（2）	低	MCA		

续表

编码	类型	结果描述 / 详细信息 / 相似类型	发生可能性	影响	风险评级	主要评估机构	恰当控制能力	检查日期
HL4	受控水质污染	结果描述：污染事件影响受控水质，例如化学物品溢出或未处理污水泄漏，导致持续大范围影响水质，严重破坏水域生态系统，关闭饮用水抽取水域，严重影响休闲生活，例如旅游，严重影响人们的健康 相似类型和详细信息：发生严重的污水污染可能导致连带很多问题，如供电问题影响重要工厂和一系列工作运转	较高（4）	中（3）	高	EA		
HL33	森林或荒地火灾	波及 50 公顷。100 户居民需要疏散。死亡 5 人，伤 20 人	低（1）	较小（2）	低	LFB		
HL34	国内水域或临近水域，有客船起火、遇洪灾、发生碰撞，需要船舶疏散或部分海上疏散	结果描述：死亡 50 人，伤 100 人 相似类型和详细信息：风险来源于客船游览伦敦，或 600 人以下的轮船在伦敦中心运行	低（1）	中（3）	中	MAC		
HL8	国内水域或临近水域，或在内陆河道有客船起火、遇洪灾、发生碰撞，需要船舶疏散	结果描述：死亡 50 人，伤 100 人 相似类型和详细信息：风险来源于小型客轮航行至英国近海和内陆河道	低（1）	中（3）	中	MAC		
HL37	重大轮船事故导致大量有害化学物品 / 有害货物泄漏	结果描述：不太可能发生人员伤亡；造成严重的环境和生态破坏 相似类型和详细信息：影响范围取决于物品的性质、数量和发生事件的位置	低（1）	较小（2）	低	MAC/DfT		

续表

编码	类型	结果描述 / 详细信息 / 相似类型	发生可能性	影响	风险评级	主要评估机构	恰当控制能力	检查日期
HL12	地方事件涉及危险化学物品运输	结果描述：死亡 50 人，伤 500 人。因事件直接受伤类似公路和铁路事故，如果泄漏的化学物品传播广，有可能发生间接人身伤害。影响程度根据物品的性质、数量、发生事件的位置。结果描述假想为光气 / 氯 相似类型和详细信息：危险化学品运输不会随着地区不同而有太大变化，因此事故发生可能性在各处基本相似。但是，如果本地有高密度的危险化学基础设置，发生可能性得分会高	较低（2）	严重（4）	高	LFB		
HL14	地方（公路）事故涉及燃料运输 / 爆炸	结果描述：事件 / 爆炸能造成死亡 30 人，伤 20 人。事件发生地点需要疏散至少方圆 1km 以外，根据燃料而定。潜在泄漏达到 30 吨液态燃料进入环境、河道等。大量灭火材料，例如泡沫等会影响环境。道路和交通路线一段时间内不能通行。如果人口密集，应急车辆进出事故现场，将很困难或者无法进行	较低（2）	中（3）	高	LFB		
恶劣天气								
H17	暴风雨和大风	结果描述：大风在英格兰东南部大部分地区持续至少 6 小时。大部分内陆、低地经历平均时速超过 55mph 的大风，夹带超过 85mph 的阵风。50 人死亡，500 人受伤，短期影响基础设施，包括电力、交通、家庭和商业 相似类型和详细信息：风暴事件的定义根据 1987 年 10 月和 1990 年罗比彭斯纪念日发生的两次风暴，近年来发生过的风暴都比这两次猛烈	中（3）	中（3）	高	地方政府		

续表

编码	类型	结果描述 / 详细信息 / 相似类型	发生可能性	影响	风险评级	主要评估机构	恰当控制能力	检查日期
H18	严寒天气和大雪	结果描述：降雪以及积雪覆盖大部分降雪地带至少 1 周。第 1 次降雪以后至少 1 周内还会断断续续地持续降雪。大部分低地地区经历过降雪超过 10cm，积雪厚度超过 3cm，至少连续 7 天白天平均气温低于零下 3 摄氏度。死亡 1000 人（非正常死亡），上千人受伤，主要是老年人。一些地方的交通、商业、电力供应和水供应受到破坏，学校停课 相似类型和详细信息：严寒 / 降雪事件的定义基于 1991 年 2 月事件，那次事件令人记忆深刻，造成的影响比最近的 2009 年 2 月、2009 年 12 月和 2010 年 10 月的更严重	中（3）	中（3）	高	地方政府		
H48	高温天气	结果描述：白天最高温度超过 32℃，最低温度也超过 15℃，而且本地大部分地区连续超过 5 天经历高温天气。1000 人死亡，5000 人伤病，主要是老年人。对电力供给和交通基础设施有破坏。高温天气定义基于 2003 年 8 月，但是更严重。对于发电设备和制冷设备有连续的影响。近年来，由于空调系统，伦敦地区夏天高峰用电需求比冬天更高	较高（4）	较小（2）	中	医疗卫生部门		

续表

编码	类型	结果描述 / 详细信息 / 相似类型	发生可能性	影响	风险评级	主要评估机构	恰当控制能力	检查日期
H19	影响英国两个以上地区的主要海岸和潮汐洪灾	结果描述：巨大的海浪、潮汐、大风和潜在的大雨。很多海岸地区和潮汐达到的河流受到影响。潮汐水位超高，很多海岸 / 河口堤防无效或者倒塌。启用备用排水管。从海岸防洪系统涌上的洪水流速过快，来不及警报和疏散。洪水涌过防洪系统，留给疏散的时间不到 1 小时，洪水导致大范围结构毁坏。30 万财产，包括家庭和商业在 14 天内被洪水冲毁。大范围的人们陷入困境。死亡 150 人,2000 人失踪（第一个 24 小时内未找到）,伤 2000 人。40 万人被疏散，需要协助疏散的人比例少，有 13 万。将近 4 万人在 36 小时内需要抢救或现场帮助 相似类型和详细信息、可能出现的情况： 提前 4 天从气象局发出警报 环境中心提前 24 小时发出严重洪灾警报 风暴潮汐警报系统提前 8 小时显示超过防洪系统风险 抢救只能使用船、直升飞机或高底盘汽车（high-clearance vehicles） 应急响应受到洪灾影响 提前 1 小时向应急机构发出疏散警报 防洪系统的多重失效，洪水严重涌过防洪系统 多处通信损毁或者中断，配电站、水、排水系统、道路桥和铁路隧道等基础服务无法使用长达 14 天 主要或必经交通路线关闭达 5 天，导致全国交通和货物运输混乱	较低（2）	巨大（5）	高	EA		

续表

编码	类型	结果描述 / 详细信息 / 相似类型	发生可能性	影响	风险评级	主要评估机构	恰当控制能力	检查日期
H19	影响英国两个以上地区的主要海岸和潮汐洪灾	洪灾区可能有医院、学校、商店、工业 / 商业用房、疗养所等 财产还包括在低洼沿海地区的有人居住的移动房屋、大篷车、夏季旅游地 疏散、应急避难和住宿可能有以下情况： 对于所有疏散者，其中 60% 离开受灾区留住在亲戚、朋友那里，度假游客回家。其中 30% 住在安全地区的旅馆，需要游客为当地疏散居民腾出客房。142000 名受灾者（约 22%）需要帮助解决避难处居住 5 天，22% 房屋被冲毁的家庭需要临时住所居住 12 个月						
H21	影响英国两个以上地区的严重内陆洪灾	结果描述：一次大规模内陆洪灾，或者涉及多个地区共同遭遇持续两周以上的连续降水，可能结合融雪或者夏季降雨导致大面积洪灾。这类事件可能同时有河水大洪灾发生，影响城市大片地区 涉及城市大部分地区和农村地区的洪灾影响 5 万户居民和商户长达 10 天。导致死亡 10 人,受伤 500 人，失踪 20 人（第一个 48 小时内未找到）。55000 人需要协助疏散。6000 人需要营救或者现场救助 结果导致：主要交通路线封闭。基础设施瘫痪。250000 户居民的基本服务，水、天然气、电、通信，中断达 14 天。洪水沉积物影响用水供应。重要的地区经济受损 相似类型和详细信息： 英国气象局提前 4 天发布恶劣天气警报 英国环境中心提前 24 小时发布严重洪灾警报 风险在英国全国分布不平均	中（3）	巨大（5）	非常高	EA		

续表

编码	类型	结果描述 / 详细信息 / 相似类型	发生可能性	影响	风险评级	主要评估机构	恰当控制能力	检查日期
H21	影响英国两个以上地区的严重内陆洪灾	营救只能用船、直升机和高底盘汽车 如果应急机构在洪水区，应急服务将受到影响 提前 12 小时将疏散警报传达给应急机构 防洪系统的多重失效，洪水涌过防洪系统 多处通信损毁或者中断，配电站、水、排水系统、道路桥和铁路隧道等基础服务无法使用长达 14 天 主要或必经交通路线关闭达 5 天，导致全国交通和货物运输混乱 洪灾区可能有医院、学校、商店、工业 / 商业用房、疗养所等 疏散、应急避难和住宿可能有以下情况： 对于所有疏散者，其中 60% 离开受灾区留住在亲戚、朋友那里，度假游客回家。其中 30% 住在安全地区的旅馆，需要游客为当地疏散居民腾出客房 142000 名受灾者（约 22%）需要帮助解决避难处居住 5 天，22% 房屋被冲毁的家庭需要临时住所居住 12 个月						

续表

编码	类型	结果描述 / 详细信息 / 相似类型	发生可能性	影响	风险评级	主要评估机构	恰当控制能力	检查日期
HL16	影响多于一个地区的地方海岸 / 潮汐洪灾	结果描述：海浪、涨潮、大风、大降雨影响多于一个地区，一些堤防被淹没，或者多个地区降雨。洪灾造成 1000 到 1 万处房屋受损，持续达 14 天。死亡 20 人，伤 300 人，失踪 200 人。多达 5 万人从海边村庄和城镇的洪灾区疏散，包括游客。多达 1 万人需要避难帮助 12 个月。需要调用多机构共同响应，可能还需要大规模疏散 防洪系统突然失效可能无法预测到。潮汐洪水来势迅速，海浪导致房屋结构被毁。影响基础设施包括：大范围造成混乱达 7—14 天，海洋灾害、道路桥梁毁坏、废弃物碎片和受污染的水供给、受影响的工商业带来的污染。农村受影响包括：大范围牲畜尸体，水传播疾病、污水处理系统遭洪水破坏、大量房屋被毁、持续 12 个月不适宜居住 相似类型和详细信息：洪灾具有地区影响，导致结果可能是丧失生命、严重经济损失需要 6—18 个月恢复重建后才能继续正常运行。需要内陆城市提供重要的综合救援 可能出现的情况：参见 H19，很多可能出现的情况在地区性洪灾和全国性洪灾中类似	较低（2）	巨大（5）	高	EA		

续表

编码	类型	结果描述 / 详细信息 / 相似类型	发生可能性	影响	风险评级	主要评估机构	恰当控制能力	检查日期
HL17	一个地方的海岸和潮汐洪灾	结果描述：海浪、涨潮、大风、大降雨影响 1 个地区，一些堤防被淹没，或者 1 个地区降雨。地方性基础设施受到影响，洪灾涉及 1000 处房屋达 14 天。死亡 10 人，伤 150 人，失踪 100 人。多达 2 万人从海边村庄和城镇的洪灾区疏散，包括游客。大范围的人们被滞留，多达 2000 人需要救援。多达 3000 人需要避难帮助 12 个月。需要调用多机构共同响应，配合当地疏散，受灾区拉出警戒线。潮汐洪水来势迅速，海浪导致房屋结构被毁。影响基础设施包括：给当地造成混乱达 7 天，海盐灾害、道路毁坏、废弃物碎片和水供给受污染、受影响的工商业带来的污染。农村受影响包括：大范围牲畜尸体，水传播疾病、污水处理系统遭洪水损坏、大量房屋被毁、持续 12 个月不适宜居住 相似类型和详细信息：需要本地的综合救援，可能还需要临近地区支援 可能出现的情况：参见 H19，很多可能出现的情况在地区性洪灾和全国性洪灾中类似。但是，根据地区的特殊情况，对这个地区有具体的洪灾影响，并且洪灾影响不波及其他地区	中（3）	中（3）	高	EA		

续表

编码	类型	结果描述 / 详细信息 / 相似类型	发生可能性	影响	风险评级	主要评估机构	恰当控制能力	检查日期
HL18	地方 / 城市河流或地表积水洪灾	结果描述：长时间持续的大降水超过两周，可能伴有融雪，导致骤发洪水，并导致全郡河水水位逐渐上涨，威胁大城市 地方性的水灾影响 1000 到 1 万户持续 2—7 天。死亡 15 人，伤 150 人。15000 人需要疏散。大面积水灾滞留 500 人，需要救援。可能严重影响道路和铁路连接，造成交通中断达 5 天 对基础设施造成的影响包括：一些建筑倒塌、水污染、道路和桥梁毁坏、洪水沉积物漂移污染水供给。20000 户的基本服务，天然气、电、通信系统中断达 7—14 天。受影响的工商业带来大量的碎片垃圾和污染。1000 人需要帮助提供避难所达 12 个月 农村受影响包括：大范围牲畜尸体，水传播疾病，污水处理系统遭洪水损坏，50 处房屋被毁，很多房屋不适合居住，2000 人需要帮助提供避难所达 12 个月。 相似类型和详细信息：洪灾具有地区影响，导致结果可能是丧失生命、地方上的严重经济损失需要 6—18 个月恢复重建后才能继续正常运行。水流量的程度和速度差异很大。需要临近地区提供重要的综合支援，虽然临近地区可能同时也面临着洪灾风险 可能出现的情况：参见 H21，很多可能出现的情况在地区性洪灾和全国性洪灾中类似	中	严重（4）	非常高	EA		

续表

编码	类型	结果描述 / 详细信息 / 相似类型	发生可能性	影响	风险评级	主要评估机构	恰当控制能力	检查日期
HL19	地方河流洪灾	结果描述：长时间持续的大降水超过两周，可能伴有融雪，导致骤发洪水，并导致该地方河水水位逐渐上涨 地方性的水灾影响1000—10000户持续2—7天。死亡5人，伤150人。5000人需要疏散。大面积水灾滞留200人，需要救援。可能严重影响道路，造成一些道路和主干路交通中断一段时间。一些铁路线可能需要关闭一周进行维修等。由于强流速和高水位，大部分水域停止交通。基础设施的影响包括：水污染、道路和桥梁污染、洪水沉积物漂移和当地水供给受污染。5000户的地方基本服务，例如天然气、电和通信系统中断达14天。250人需要避难所达12个月。郡内实质性的毁坏达7—14天。大量的碎片废物和污染需要清理	较高（4）	中（3）	高	EA		

续表

编码	类型	结果描述 / 详细信息 / 相似类型	发生可能性	影响	风险评级	主要评估机构	恰当控制能力	检查日期
		相似类型和详细信息：洪灾具有次地区影响，导致结果可能威胁生命、地方上的严重经济损失需要 6—18 个月恢复重建后才能继续正常运行。水流量的程度和速度差异很大。需要临近地区提供重要的综合支援，该地区自救同样重要 可能出现的情况：参见 H21，很多可能出现的情况在地区性洪灾和全国性洪灾中类似。但是，根据地区的特殊情况，对这个地区有具体的洪灾影响，并且洪灾影响不波及其他地区						
HL20	地方极端危险的山洪、骤发洪水	结果描述：陡峭山谷地段有严重的地区降水，导致极端危险的山洪或骤发洪水，例如高流速和降水量大。可能没有防洪堤坝，没有洪灾预警服务，或者事件发生得突然来不及预警。洪灾影响 200 户财产。结果与 H44 类似，有可能水坝或水库失效 相似类型和详细信息、可能发生的情况： 几乎没有时间疏散，可能只有 15 分钟。洪灾持续少于 24 小时。应急响应没有提前预警。山洪范围可能达到 30—50km 当地基础设施，例如天然气、电、通信系统、道路和铁路连接，严重被毁	较高（4）	中（3）	高	EA		

续表

编码	类型	结果描述 / 详细信息 / 相似类型	发生可能性	影响	风险评级	三要评估机构	恰当控制能力	检查日期
H50	干旱	结果描述：周期的供水中断，影响伦敦的 385000 户工商户达 10 个月。“抗旱应急命令”规定根据国务大臣下发的优先级别轮流供水。224 万户伦敦居民没有受到干旱供水影响。如此严重的干旱是伦敦历史上第一次，由于 3 年冬天连续干旱所致	较低（2）	严重（4）	高	EA		
建筑物事件								
HL21	土体移动，例如由滑坡引起	结果描述：道路和交通路线在一段时间内中断。应急交通进出人口密集的出事地点有困难或者无法进出，大面积出现拥挤。大面积电力中断，其他基本服务中断。潜在威胁大量人员陷入困境或者在土体移动引发的建筑物倒塌中失踪。根据灾害的规模和发生地，估计导致死亡 5 人 相似类型和详细信息：此类灾害在英国比较少见，有些地区发生概率大一些。地理和气候条件将决定发生概率	低（1）	中（3）	中	LFB		
HL22	建筑物坍塌	结果描述：低层建筑物倒塌或者建筑物一部分倒塌。潜在威胁大量人员陷入困境或者失踪。地方局部电力和其他基本公共服务中断。道路封闭导致地方交通受影响。根据建筑物的规模和结构以及入住率，估计此类事件死亡 5 人，伤 20 人 相似类型和详细信息：英国每年都会发生若干类似事故。一些地方由于建筑物老旧，发生建筑物倒塌的次数更多	高（5）	较小（2）	中	地方政府		

续表

编码	类型	结果描述 / 详细信息 / 相似类型	发生可能性	影响	风险评级	主要评估机构	恰当控制能力	检查日期
HL22a	大型建筑物倒塌	结果描述：大型建筑物，如高层建筑、购物中心倒塌。根据建筑物的规模和结构以及入住率，估计死亡 100 人，伤 350 人。潜在威胁大量人员陷入困境或者失踪。地方局部电力和其他基本公共服务中断。道路封闭导致地方交通受影响	较低（2）	中（3）	高	地方政府		
HL23	桥梁倒塌	结果描述：道路、交通路线和基础建设在相当长一段时间内中断。大面积出现拥挤。应急交通进出人口密集的出事地点严重受限。潜在威胁大量人员陷入困境或者失踪 相似类型和详细信息：此类事件在英国很少发生	低（1）	中（3）	中	地方政府		
H44	重要水库大坝失效或倒塌	结果描述：没有预警的情况下倒塌，导致突发洪水。大量碎片（包括车辆）和沉积物顺水漂移。一些居民和商业房屋彻底被毁，估计有 500 家居民和商业房屋严重受损。估计还有几千家其他房屋受灾。估计导致 200 人死亡，伤 1000 人。50 人失踪或者受困。在倒塌的基础设施和残骸之上重建。居民和商户的水供给中断。200 人需要临时住所 2—18 个月 相似类型和详细信息：没有疏散的时间。洪水持续少于 24 小时。应急响应无法提前预警。洪水可能波及的范围到达 50—60km 以外。对天然气、电力供给、通信、交通和铁路连接造成严重损坏	低（1）	高（5）	中	地方政府		

续表

编码	类型	结果描述 / 详细信息 / 相似类型	发生可能性	影响	风险评级	主要评估机构	恰当控制能力	检查日期
HL105	综合建筑环境	结果描述：重大突发事件导致的大型建筑物或复杂建筑环境受影响。突发事件引发这一系列设施受影响，并对公共安全产生严重后果	较低（2）	中（3）	高	地方政府		
医疗卫生								
H22	流行性感冒类疾病（传染）	结果描述：比一般的季节流感更容易传染。一周全科医生会诊新的流感类疾病，发生率高峰可达到每 10 万人有 400 人（历年高峰平均值是 200/10 万人）	较高（4）	中（3）	高	医疗卫生部门		
H23	流行性感冒类疾病（全国范围）	结果描述：每次全国流行病都有所不同，病毒的性质和影响都没办法预测。以前发生过的全国流感情况差异很大。根据对以前发生过的全国流感的研究，全国流感有可能发生一波或更多波，相隔几周或几个月。每波持续 12—15 周。可能有一半的人口，不分年龄，受到传染。病情暴发之前无法判断哪一类人群是最易感人群 相似类型和详细信息：传染出现一波或更多波，广度达到 25%—50% 比例人口传染，死亡可能达到 2.5%。这就意味着，如果发生此类流感，在整个流感期间英国将有超过 75 万人死亡，高峰时期医院每周接待 10 万病人。高峰可能发生在第 6—8 周，22% 的人发病在此期间	较高（4）	严重（4）	非常高	医疗卫生部门		

续表

编码	类型	结果描述 / 详细信息 / 相似类型	发生可能性	影响	风险评级	主要评估机构	恰当控制能力	检查日期
H24	新型传染疾病	结果描述：具体的疾病表现要在抗生素和抗病原体与病菌对抗之后才能掌握。根据 2002 年 SARS 的经验，这是发生在英国以外的最严重的一次此类事件，病菌可能由旅行者返回英国带到国内传染给家人、同事和为他就诊的医护人员 短期中断当地医院的重症监护设备 医疗手术可能会暂停几周 可能建议限制英国国内或国际旅行 相似类型和详细信息： 新病菌可能在第一枚病例被确诊之前很快在人与人之间传染 新病菌不会局限在英国国内，而是会通过旅行传播到其他国家 病毒性感染没有有效治疗，除非迅速给病人使用抗病毒药等治疗 在病人确诊以前，病毒可能在病人就诊时在医院传染 新型 H5N1 禽流感没有在人与人之间快速传染，发病率相对低，但是致命率相对更高。这种病能给更多的时间采取措施控制扩散	中（3）	中（3）	高	医疗卫生部门		

续表

编码	类型	结果描述 / 详细信息 / 相似类型	发生可能性	影响	风险评级	主要评估机构	恰当控制能力	检查日期
HL24a	军团杆菌疾病	结果描述：军团杆菌疾病暴发的一个原因，一种严重非典型性肺炎，发生的原因是水质维护不当。在人口密集的伦敦，由于冷却塔爆发的案例从发现第一个开始会发展到超过 1000 个（从巴罗岗推测），一般经历数天到数周	较高（4）	较小（2）	中	医疗卫生部门		
HL24b	脑膜炎疾病	结果描述：脑膜炎疾病的大量案例由脑膜炎奈瑟氏菌引起，可能导致 10 人死亡，50 人患病	较高（4）	较小（2）	中	医疗卫生部门		
HL102	蛾害	结果描述：蛾毛虫灾害，导致树木落叶，传染很多人患病，需要治疗 相似类型和详细信息：如果人接触飞蛾的毛虫，或者毛虫的毛被吹到人的眼睛、耳朵、鼻子、嗓子和皮肤上，能引起人的刺激和过敏反应。尤其是对哮喘病患者，如果因毛虫刺激发病，需要医疗观察，一些严重的患者需要住院治疗	较高（4）	较小（2）	中	地方政府		

续表

编码	类型	结果描述 / 详细信息 / 相似类型	发生可能性	影响	风险评级	主要评估机构	恰当控制能力	检查日期
动物卫生								
H25	非人畜共患的、须报告的动物疫病，例如口蹄疫、猪瘟、蓝舌病、鸟类新城疫	结果描述：这类突发事件中最严重的是口蹄疫带来的危险和后果。评估最坏的情况是在全国 900 个受传染场所需要屠宰和处理 400 万头牲畜 对口蹄疫，英国很有可能宣布控制区，未得到许可的情况下禁止运输易受感染的活牲畜。口蹄疫扰乱农村、地方经济和环境。对农场经营和相关产业造成严重影响。暴发口蹄疫导致很多农村产业遭受影响，包括旅游业。相信以前已经夸大了口蹄疫对旅游业的影响，目前评估口蹄疫将给旅游业造成 1 亿英镑损失，4 亿英镑的农业和食品产业链损失。疫病暴发也导致欧盟和其他国家禁止进口易受传染的牲畜和牲畜产品。由于管理制度和管制政策的改革，最近一次 2007 年暴发的口蹄疫要比 2001 年那次造成的后果小 相似类型和详细信息：虽然疾病暴发的影响在每个地区不同，但是疾病暴发的可能性在每个地区差别不大。口蹄疫是目前所了解到的传染性最强的动物疫病，直接或者间接接触传染，甚至能通过空气传播。最严重的情况可能是主要的牧羊场暴发疫情，但是没有明显表象，因此没有被发现，卖到市场和其他地方，导致疫病大范围扩散，更多地方暴发疫病。经济损失根据最严重的情况估计，小一些的疫情相应地造成的经济损失也小一些	中（3）	较小（2）	中	地方政府		

续表

编码	类型	结果描述 / 详细信息 / 相似类型	发生可能性	影响	风险评级	主要评估机构	恰当控制能力	检查日期
H26	人畜共患的、须报告的动物疫病，例如高致病禽流感、狂犬病、西尼罗河病毒	结果描述：这类型疫病都能对人类致命，但是最严重的疫病是高致病禽流感。结果描述以高致病禽流感为例 禽流感是大范围的鸟类疫病。如果患有流感的人与禽流感互相感染，理论上有流感病毒突变或重组的危险，但是禽流感病毒不那么容易从鸟类传染给人。对人类健康的潜在威胁，从 2003 年 12 月—2009 年 2 月 24 日，全球 408 例禽流感患者中有 255 人死亡。最严重的疫情评估是全国 3000 万家养殖场禽需要屠宰和处理。疫病暴发也导致欧盟和其他国家禁止进口易受传染的禽类和禽类产品。禽流感扰乱农村、地方经济、旅游业和环境。估计经济损失达到 6000 万英镑 英国尚未暴发过非常严重的流感疫病。估计最严重的疫情可能比最近在英国发生的禽流感都要严重，发生过的禽流感一般都限制在一两个受感染的经营场所和有联系的场所 相似类型和详细信息：最严重的疫情是高致病禽流感 H5N1，大范围地在鸟类中发现，导致全国许多禽类农场传染。经济损失依照最严重的情况进行估计，小一些的疫情相应地造成的经济损失也小一些	中（3）	较小（2）	中	地方攻府		

续表

编码	类型	结果描述 / 详细信息 / 相似类型	发生可能性	影响	风险评级	主要评估机构	恰当控制能力	检查日期
		工业技术事故						
H39	水利基建故障或突发无毒物质污染	结果描述：达 5 万人口饮用水中断，管道供水中断 24 小时至 3 天 相似类型和详细信息：国内的工业、商业和农业场所停止管道供水。消防车不能从消防栓蓄水。水厂需要供给每人每天至少 10 升水直到管道供水恢复。以水槽车到马路街道各家各户的方法供水或者供应瓶装水。优先供给脆弱人群和特别需要的人群，可以供给他们符合饮用水标准的瓶装水。与地方医疗卫生机构和社会服务机构保持合作，确保没有遗漏弱势者和有特殊需要的人。水厂还需要优先考虑医院和学校，需要考虑到牲畜饲养厂和必需食品行业。但是或许不可能向学校、医院和工商业提供完全的供水，维持他们自己的蓄水池。水厂可以和其他的水厂共同合作响应突发事件	较高（4）	中（3）	高	LFB		

续表

编码	类型	结果描述 / 详细信息 / 相似类型	发生可能性	影响	风险评级	主要评估机构	恰当控制能力	检查日期
H49	由于重大事件影响基础设施导致饮用水中断	结果描述：达 35 万人口饮用水中断，管道供水中断 24 小时至 2 周 相似类型和详细信息：这种规模的事件可能发生在地方。国内的工业、商业和农业场所供水中断。消防车不能蓄水 水厂必须计划可供替代的供水办法，至少每人每天 10 升水直到供水恢复正常。大规模人口持续受断水影响时，水厂供水将有困难，需考虑瓶装水作为替代办法和水槽车周期加满水，以及和其他水厂合作响应。供水持续中断和供水物流需要根据金级应急实施多部门合作响应（英国将应急响应分为金、银、铜三个级别） 断水可能导致医院和学校以及其他商业因为不能维持蓄水池储水而暂停，即使优先供水给他们也无法满足他们维持正常运转的需要。还需要考虑到牲畜饲养厂和必需食品行业。在断水区食品加工厂可能会暂停。如果人类优先供给自己，全国农场联合会（National Farmers' Union，简称 NFU）、皇家防止虐待动物协会、苏格兰学生志愿协会（Student Volunteering Scotland，简称 SVS）会要求向牲畜饲养厂提供水	低（1）	严重（4）	中	EA		

续表

编码	类型	结果描述 / 详细信息 / 相似类型	发生可能性	影响	风险评级	主要评估机构	恰当控制能力	检查日期
H40	地方火灾、水灾和天然气事故毁坏通信设施导致通信中断	结果描述：通信中断程度波及达 10 万人持续 72 小时 相似类型和详细信息：城市大型通信设备遭毁坏。可能影响应急响应，包括应急管理控制中心混乱。可能由于海底线路切断所致	高（5）	较小（2）	中	MPS		
H41	国家电力网络因技术原因中断（黑启动）	结果描述：国家电力公司故障导致 3—5 天断电。如果电网毁坏，例如暴风雪，断电可能延长到 5 天。维持生命的机器不能正常运转，社会混乱，警报、路灯、燃气供暖、铁路、供水、移动电话等都不能正常使用。自有发电机能维持个别场所和应急响应有限的时间 相似类型和详细信息：断电发生在冬季，断电持续 3 天。偏远农村地区在几小时之后得到重新供应。动力岛（Power Island）发挥作用。全国大部分地方在 3 天内恢复供电，伦敦稍晚。3 天以后没有出现用电高峰	较低（2）	巨大（5）	高	LFB		
H43	人为错误导致通信设备事故	结果描述：地方上大范围通信中断，包括公共线路和移动电话网，持续 3 天 相似类型和详细信息：大伦敦地区有可能发生最严重的此类事故。应急机构的通信设备也有可能因此受到影响	中（3）	巨大（5）	非常高	LFB		

续表

编码	类型	结果描述 / 详细信息 / 相似类型	发生可能性	影响	风险评级	主要评估机构	恰当控制能力	检查日期
H45	操作失误或者恶劣天气引起系统损坏，导致电力事故，造成通信中断	结果描述：上班时间整个地区供电关闭，持续 24 小时 相似类型和详细信息：大伦敦地区有可能发生最严重的此类事故。事故造成的结果根据地区和地区内维持必要供给的可用资源的不同而有所不同。可以和临近地区共同合作响应，因此本地资源和服务不是绝对因素。此类事件在 1987 年 10 月发生过一次，当时严重的暴风雨导致东南部电力黑启动。电力传送在 24 小时之内重新建立。高架电缆大范围损坏，意味着很多人延长停电时间几天，直至电线完全修好	较低（2）	严重（4）	高	LFB		

伦敦风险评估工作组（London Risk Assessment Working Group）认为下列风险目前不适用于伦敦地方恢复力地区（London Local Resilience Area）。风险评估是一个动态的过程，有可能下列风险将来需要在伦敦地区防范，下列每项风险在原有基础上进行再评估。

编号	类型	风险名称	不适用原因	最近检查时间
H1	工业事故和环境污染	液化石油气 / 液化天然气终端或可燃气体储存场所火灾或者爆炸		
HL1	工业事故和环境污染	燃气终端爆炸或火灾，或涉及燃气管道		
H2	工业事故和环境污染	海岸乙烯气体管道火灾或爆炸	伦敦没有乙烯气体管道	2008.4
HL26	工业事故和环境污染	在海岸乙烯气体管道发生局部火灾或者爆炸	伦敦没有乙烯气体管道	2008.4
H3	工业事故和环境污染	炼油厂火灾或者爆炸	伦敦没有炼油厂	2011.9
HL27	工业事故和环境污染	炼油厂局部火灾或者爆炸	伦敦没有炼油厂	2011.9
H6	工业事故和环境污染	近海石油 / 燃气平台着火或爆炸	伦敦没有近海石油 / 燃气平台	2011.9
H103	工业事故和环境污染	液化石油气 / 液化天然气终端或与海岸相连的给料管道起火或爆炸	距离伦敦最近的燃气终端在巴克顿（Bacton）和诺福克（Norfolk）。因此不适用	2008.5
HL104	工业事故和环境污染	液化石油气 / 液化天然气终端或与海岸相连的给料管道起火或爆炸	距离伦敦最近的燃气终端在巴克顿（Bacton）和诺福克（Norfolk）。因此不适用	2008.5
H8	工业事故和环境污染	大量有毒化学物质泄漏		
HL2	地方工业事故涉及大量有毒物质泄漏	地方工业事故涉及大量有毒物质泄漏，例如从大量氯存储场所泄漏	合并在 H4、H9 和 HL3 中	2011.9
H10	工业事故和环境污染	核反应设备泄漏放射性物质	伦敦没有核反应设备	2011.9

续表

编号	类型	风险名称	不适用原因	最近检查时间
HL31	工业事故和环境污染	核反应设备事故泄漏有限放射性物质	伦敦没有核反应设备	2011.9
H42	交通事故	英国水域内或附近发生客船迅速下沉		
HL13	交通事故	海上事故或者蓄意封锁导致重要港口航道、河道、海上航线封闭多于1个月		
H33	行业行为	监狱官组织的非官方的罢工		

风险概率概况

影响 \ 发生概率	低 Low (1)	较低 Medium Low (2)	中 Medium (3)	较高 Medium High (4)	高 High (5)
巨大 Catastrophic (5)	H4 H9 H44	H9 H41 HL16	H21 H43		
严重 Significant (4)	H11 H16 H49	H38 H45 H50 HL12	HL18	H23	
中 Moderate (3)	H5 H7 HL8 HL21 HL23 HL25 HL30 HL34	H12 HL9 HL14 HL22a HL28 HL105	H17 H18 H24 HL3 HL17	H22 H39 H46 HL4 HL11 HL19 HL20 HL42	H30
较小 Minor (2)	H15 H35 HL33 HL37	HL7	H25 H26 H31	H14 H37 H48 HL24a HL24b HL102	H40 HL22
有限 Limited (1)				HL10	

非常高　高　中　低

附录1——发生概率和影响分数表

影响得分表——定性测量

等级	描述符号	影响方面	影响描述
1	有限	医疗卫生	有限人数受伤/患病或者对健康造成有限影响
		社会	有限人数受灾，供给非常少的个人需要 给社会服务带来有限扰乱，包括交通和基础设施
		经济	对地方经济造成有限影响
		环境	对环境造成有限影响
2	较小	医疗卫生	受影响人数少，无死亡，受伤/患病轻，需现场救护的人数少
		社会	财产损失小 需要避难所的人数少，小于24小时，供给少量的个人需要 小范围的局部社会服务和基础设施混乱，小于24小时
		经济	对地方经济的影响可以忽略不计，损失和费用很小
		环境	对环境影响小，没有持续影响
3	中	医疗卫生	一定数量的死亡，受伤/患病需要送往医院医疗救治，需要一个或更多医院。启动警报系统
		社会	损毁限定在一个或多个具体范围，但是需要附加资源的增援 需要避难所的人数大于100人，时间1—3天
		经济	对地方经济带来有限影响，例如短期生产损失，可能需要清理费用
		环境	对环境造成有限影响，有短期和长期影响
4	严重	医疗卫生	在一个受灾区相当多人数受到影响，多种原因造成死亡，多类型严重的或者大量的受伤/患病，相当多人数需要住院救治，需要若干所医院
		社会	严重毁坏，需要地方应急机构响应和外部资源支援 100—500人处于危险，需要避难所长于1周。地方应急响应需要外部支援才能供给灾民需要 当地一些社会服务受影响严重甚至可能造成瘫痪
		经济	地方经济受到严重影响，生产受到中期损失 需要相当费用用于清理和恢复
		环境	对环境造成有限影响，有中期和长期影响

续表

等级	描述符号	影响方面	影响描述
5	巨大	医疗卫生	在一个或多个受灾区非常多的人数受到影响。相当多人数死亡。非常多人数严重受伤，造成长期影响，需要送往医院救治
		社会	大量财产受损，灾区建筑环境受影响需要大范围拆除 多于 500 人需要长期避难所，需要提供大量供给 基础设施遭到严重毁坏，造成主要公共服务的严重混乱或损失。社区需要大量支援才能运行
		经济	地方和地区经济受到严重影响，造成一些长期、可能潜在的永久影响 结构上的改变造成生产损失 需要相当费用用于清理和恢复
		环境	严重的长期的影响，可能有永久毁坏

影响各方面的说明

影响方面	说明
医疗卫生	包括对健康的直接影响，受影响的人数、死亡、受伤、疾病、健康损失，还包括由于医疗紧张等造成的对健康的间接影响
社会	包括事件的社会后果，例如可以提供的社会福利服务，给交通造成的混乱，财产损失，财政、食品、水、能源和燃料的供给的混乱，无家可归、疏散和避难，公共秩序混乱导致愤怒、恐惧和对政府缺乏信任
经济	包括实际经济费用，包括直接费用，例如商品、建筑和基础设施的损失，还包括直接费用，包括商业损失、公共服务需要增长
环境	包括水、陆地、空气的污染，有害生物、化学、放射物质和石油，水灾，对动植物造成的损害和破坏

说明：

影响得分表中的等级 1 和等级 2 可能没有达到突发事件的界定，不属于突发事件。因此，可能不需要对等级 1 和等级 2 制定正式规定。本文件制定了完全的影响得分表，所以也包括了等级 1 和等级 2 的风险评估。

发生概率分数表

等级	描述符号	5 年中发生概率（百分比表述）	5 年中发生概率（分数表述）
1	低	> 0.005%	> 1/20000 机会
2	较低	> 0.05%	> 1/2000 机会
3	中	> 0.5%	> 1/200 机会
4	较高	> 5%	> 1/20 机会
5	高	> 50%	> 1/2 机会

根据发生概率模型和影响得分表计算，2005 年政府发布了名为 4D 的应急准备附件。

附录 2——风险概率矩阵

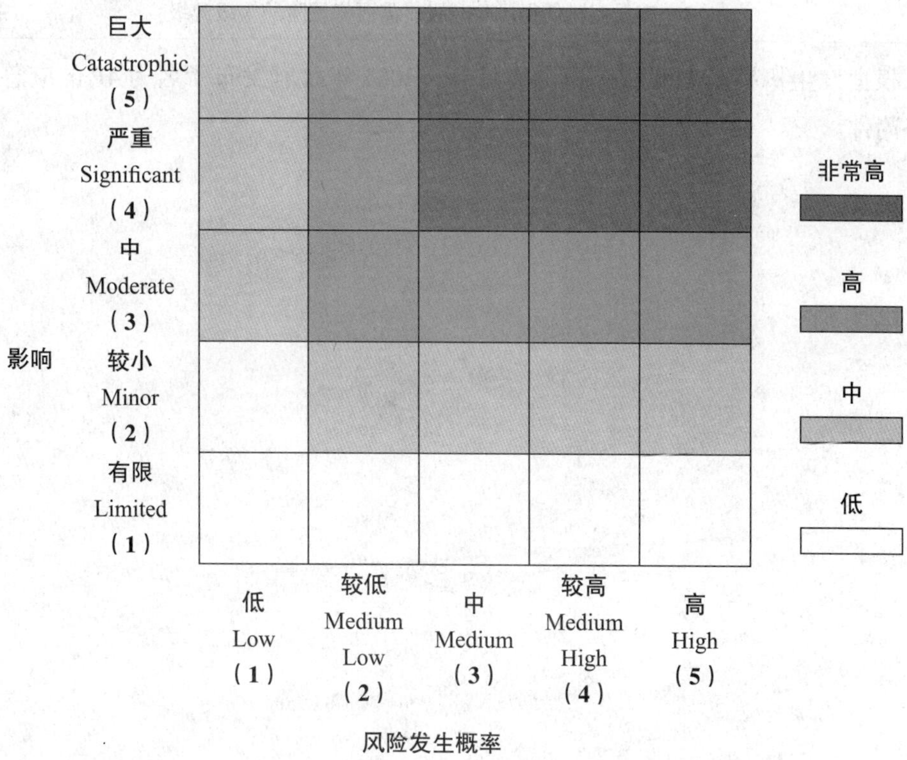

全国执行的风险发生率	
非常高风险（Very high risk，简称 VH）	界定为需要立即注意的主要和重要的风险级别。发生率可能很高也可能很低，但是潜在的后果必须作为高优先级来非常严肃地对待。意味着，应急规划策略应该着重于减少或者消除风险，应该通过恰当的多部门合作的专项的预案、演练和培训等形式以及日常风险管理等，减轻后果。应该针对具体风险制定具体预案，仅有一般预案不够
高风险（High，简称 H）	界定为严重风险级别。发生率可能很高也可能很低，但是潜在后果非常严重，级别排在“非常高风险”之后。应急规划策略应该着重于减少或者消除风险，至少有多部门合作的一般预案、演练和培训等形式以及日常风险管理等，减轻后果
中级风险（Medium risk，简称 M）	风险不那么严重，但是可能造成短期扰乱和不方便。需要监控风险，保证得到有效管理，并且在一般应急预案中做出规定
低风险（Low，简称 L）	风险发生的概率非常小，后果也比较轻微。通过一般应急预案进行风险管理，需要最小的监控。如果定期的风险评估显示有实质变化使得风险升级，需要将风险的等级升级

根据发生概率模型和影响得分表计算，2005 年政府发布了名为 4F 的应急准备附件。

第五章　英国社区恢复力的技术支持

本章介绍英国社区恢复力的技术支撑。主要对英国社区灾害管理中的设施、设备、物资、技术手段等的标准制定、规划建设、日常维护和管理、应急使用等进行具体研究和案例分析。这部分拟对在社区灾害避险场所建设、疏散路线设定与管理、预警和报灾信息手段使用、社区应急物资储备等方面做得成功的案例进行具体的总结和分析。

一、洪灾警报[①]

在 1953 年英国遭遇严重洪灾以后，英国在洪水预防和预警方面进行了大规模改革。英国监控和预报部门（UK Monitoring and Forecasting service）利用潮汐、波浪和天气数据，确保公共、商业和应急管理者能对灾害做好准备。120 万人，其中沿海地区 65 万人，注册了环境中心的自动洪灾预警服务，人们接到预警能迅速采取紧急行动。超过 5 万人在英国环境中心的微博（Twitter）上可以得到时时更新的灾害信息。2009 年，一个专门的洪灾预报中心成立了，中心可以一天 24 小时、全年无休地提供应急响应，这使得应急管理者和地方政府更有准备帮助当地社区应对灾害。英国，更多的人购买他们自己的临时防洪屏障，至少可以带来心理上的安全感[②]。

---

① 英国环境中心网站 http://www.environment-agency.gov.uk/news/145515.aspx。

② David Crichton, What can Cities Do to Increase Resilience? originally in Philosophical transactions of the royal society, 2007. in Disaster Law, edited by Daniel A. Farber and Michael G. Faure, published by Edward Elgar Publishing Limited, Cheltenham, UK, 2010, pp53-61.

二、案例：社区应急预案软件包[①]

项目背景：2007 年夏季，英国因强降雨导致大范围洪灾，引发城市内涝，是英国几百年来最大的一次洪涝灾害，造成的损失非常严重。英国有名的政府顾问皮特（Michael Pitt）先生受命撰写了调查报告《皮特研究：2007 年洪灾的教训》（the Pitt Review: Lessons Learned from the 2007 Floods）。那场灾害促使社区纷纷制订应急预案。

英格兰格洛斯特郡是那次受灾严重的地区。格洛斯特郡农村社区咨询所（Gloucestershire Rural Community Council，简称 GRCC）成立于 1923 年，分别进行过慈善机构注册和公司注册，是当地一家获得认证的慈善机构，从事当地社区事务的专业咨询和帮助工作。2007 年洪灾那年，咨询所曾获得红十字会资助。咨询所在 2009 年与当地一些社区合作的时候发现，虽然地方政府下发了建立社区应急预案的文件，社区仍然不知从何着手开展实务工作。因此，咨询所人员投入资源开发了一个社区应急预案实用软件包，让社区用简单、易操作的方法掌握建立社区应急预案的流程与方法。社区从而做好了预防准备，面对突发事件知道要做什么，灾后能够更快地恢复。

项目概要：

为了让社区掌握建立应急预案的方法，2009 年由格洛斯特郡农村社区咨询所开发，并于 2010 年出版了一个叫作《您的社区应急预案》的软件包（“Your Community Emergency Plan”）。软件包的内容包括若干 pdf 格式的电子文档，刻录在一张光盘里。软件制作成人机交互模式，社区工作人员在电脑上按照软件的指导，可以自学建立应急预案的方法。学习内容从搜集当地信息到招募、培

---

① Case Study – Community Emergency Plan Toolkit，下载自英国社区恢复案例研究网络图书馆 https://www.gov.uk/government/publications/community-resilience-case-study-library。

格洛斯特郡农村社区咨询所网站 http://www.grcc.org.uk/emergency-planning/community-emergency-planning-toolkit。

“社区应急预案”，下载自格洛斯特郡农村社区咨询所网站 http://www.grcc.org.uk/emergency-planning/community-emergency-planning-toolkit。

训志愿者，再到手把手建立不同类型突发事件的应急预案。软件包包括：

- 一步一步指导撰写预案
- Word 文档格式的预案模板，可以直接填写制作预案。模板中的模块可以根据需要自行调整，并附有完整预案文本例子
- 格洛斯特郡一些社区应急管理的实践工作案例
- 若干建议、小技巧和好主意，动员和组织居民的社区参与
- 如何获得地方政府和其他组织 / 机构的支持、联系方式等相关信息

软件包免费提供给格洛斯特郡的所有教区（parishes）和市镇议会。其他人或组织可以在网站上免费下载软件包的试用版，如需完整版的软件包，需要花钱购买光盘版。咨询所为软件包的使用者提供培训，指导使用者如何利用软件包量体裁衣地为社区制定合适的应急预案。培训内容包括如何明确社区应急领导小组的角色定位，社区如何与教区、市镇议会合作共同应对突发事件，以及如何将更多的人力、物力、财力吸引到社区参与中。

项目得到的评价：

格洛斯特郡应急管理部门（Emergency Management Services）/ 格洛斯特郡民防局（Gloucestershire Civil Protection Team）对社区应急预案软件包的评价：

- 通过分解成简单的步骤，使得原本让社区不知如何编制的综合预案书变得可以实现
- 软件界面对用户非常友好，简便易掌握，在电脑上使用按钮和表格就可以进行编制预案的工作
- 包括解释说明、建议、小技巧，促进个人和社区恢复力的形成
- 包括处置多种类型社区突发事件的经验，不仅是针对洪涝灾害
- 提供若干完整的预案文本例子，而且详细具体，社区可以根据自己的偏好和能力选择适合的例子，仿效编制自己的预案

巴恩斯利和科茨（Barnsley and Coates）地区的一个议员说："软件包对形成预案的最初草稿提供了特别有帮助的思路。我们能发现漏洞，然后及时弥补上。预案模板能帮助整理有关我们可能面临的突发事件的信息。"

项目的参与者：

- 格洛斯特郡的若干社区提供了他们的经验
- 格洛斯特郡应急管理部门和科茨沃尔德地区议会（Cotswold District Council）一直与咨询所合作，并提供宝贵的建议
- 红十字会在2007年洪涝灾害时资助格洛斯特郡农村社区咨询所援助受灾社区，咨询所从那里获得了最初想要开发软件包的想法和所需的一些资料
- 格洛斯特郡的不同人口规模的社区试验了软件包

项目的成效：

项目从2009年12月1日启动，社区肯定了软件包的价值，通过软件包的帮助拿出了社区自己的应急预案。在格洛斯特郡，那些有预案的社区已经包括很多分工，那些刚着手的社区就发现软件包对做预案草稿、弥补社区在应急预案上的准备不足，以及后续完成预案都很有用。在莱赫雷德（Lechlade）曾有一起突发事件，社区使用了预案，事件之后对应急响应进行回顾和分析，并从软件包中添加了预案修改。科茨（Coates）教区和相关的当地居民使用软件包对他们的社区应急预案做了评估，他们在使用以后认为软件包很实用，特别是能帮助他们把很多无序的想法有逻辑地呈现在预案草稿上。软件包还帮助科茨发现他们的预案中存在哪些漏洞，软件包提供的模板帮助他们整理信息、资料。

现在有升级版本的软件包，给社区提供建立应急预案的灵活方法，无须做无用的重复工作。而且，软件包已经从格洛斯特郡推广到全国其他地方的农村和城市社区。

可借鉴的要点：

- 格洛斯特郡农村社区咨询所开发的《您的社区应急预案》软件包
- 软件采用交互式模板使社区建立应急预案的过程更容易
- 当地掌握不同技能的人分别试验了软件包，包括议员

备注：

关于软件包的更多信息可以在这个网址上找到：

http://www.grcc.org.uk/emergency-planning/community-emergency-planning-toolkit。

格洛斯特郡农村社区咨询所的网址是 http://www.grcc.org.uk，在咨询所的网站上能找到更多有意思的社区灾害管理内容。

软件包的使用说明，也像一个应急预案的说明，放在英国内阁网站上，可供下载。网址是 https://www.gov.uk/resilience-in-society-infrastructure-communities-and-businesses。使用说明在前文制度体系章节中有全文翻译。

联系方式：

《您的社区应急预案》软件包项目的联系人名字：Marilyn Cox

机构名称：Emergency Planning

Gloucestershire Rural Community Council

联系人的电子邮箱：marilync@grcc.org.uk

联系人的电话：(044) 01452 528491

图 5.1：格洛斯特郡农村社区咨询所的网站上《您的社区应急预案》软件包的网页

图 5.2 :《您的社区应急预案》软件包首页，内容包括软件名称、功能及特点介绍、软件开发的最初动机等信息。

图 5.3 :《您的社区应急预案》软件包中社区经验专题，左上为突发事件做应急预案，左下动员和组织，右上突发事件应对，右下突发事件中的人员安置。右侧红色栏的按钮由上至下依次链接首页、简介、实务经验、预案建立、联系方式、放大屏幕、缩小屏幕、咨询所标志。

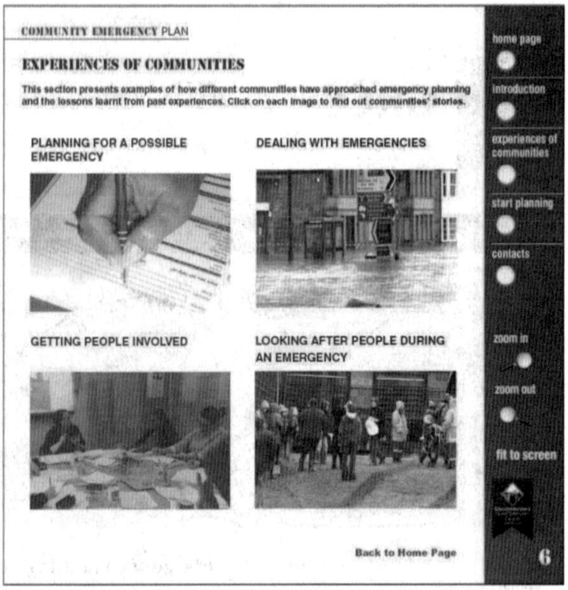

图 5.4 :《您的社区应急预案》软件包中指导编制预案六步骤。

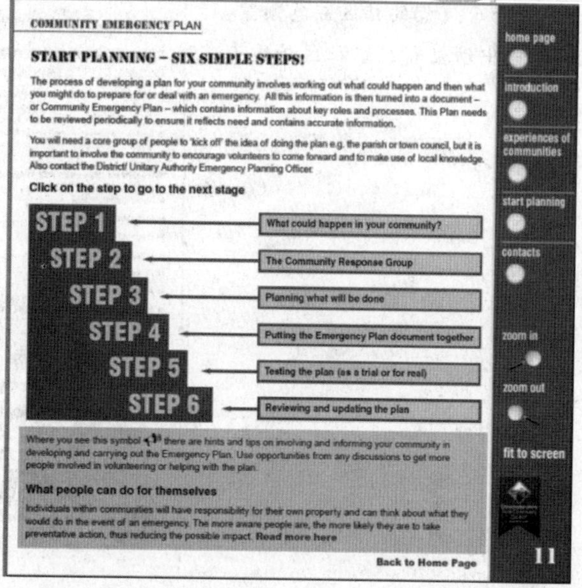

图 5.5 :《您的社区应急预案》软件包中的编制预案第四步，将分步编制的章节整合起来形成完整的预案。

图 5.6：《您的社区应急预案》软件包中动员和组织社区居民专题。

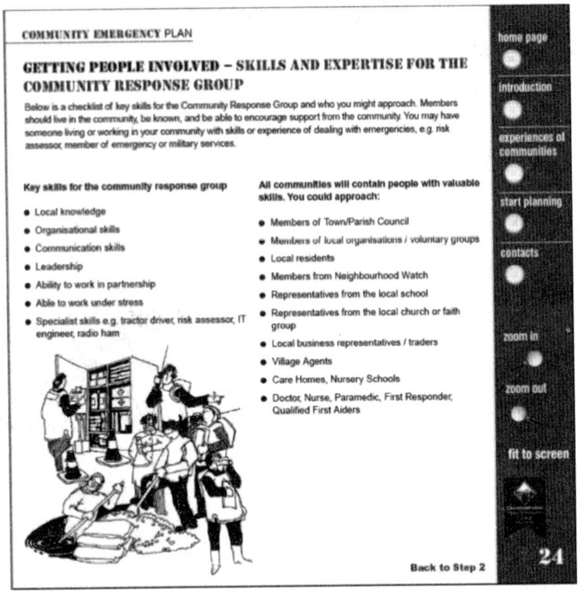

三、学校应急演练[①]

多媒体辅助的虚拟演练

诺丁汉郡议会设计的一套学校应急管理文件中包括一份多媒体辅助的虚拟学校应急演练。演练开展的形式是多媒体辅助的讨论式学习。首先向学校负责应急管理和相关工作的人员播放天气情况的新闻播报短片。新闻播报短片是根据演练的需要专门制作。短片播放结束后，演练指导者提供虚拟情景的具体信息。根据新闻播报和具体信息，开始小组讨论，讨论围绕若干问题，这些问题由演练指导者提前准备好。讨论最后，汇报讨论结果，并做分析和评论。下面是该网站上提供的两个演练案例。

桌上模拟演练——恶劣天气

概况

这个桌上模拟演练的目的是检测学校在恶劣天气情况下关闭学校时教职员

① 下载自艾塞克斯郡议会和诺丁汉郡议会合作的学校恢复力项目网站。网站网址是 http://www.schoolemergencies.info/coping_with_a_school_emergency.php。

的响应能力。

图 5.7：诺丁汉郡“通过学校增强社区恢复力”网站播放的为应急演练制作的一段新闻播报短片。配合应急演练制作有新闻播报的短片，可以用于传达消息，情景模拟。新闻短片可以从诺丁汉郡“通过学校增强社区恢复力”网站上获得。网站网址是 www.schoolemergencies.info。

本演练设计用时大约 1 小时。

大致时间	行动
5 分钟	介绍应急演练
5 分钟	情景 1，观看新闻播报短片
15 分钟	小组讨论
5 分钟	情景 2，观看新闻播报短片
15 分钟	小组讨论
15 分钟	汇报

情景 1

事件发生时间

周日，下午 1 点。

新闻播报（播放短片）

“我国昨夜被大雪覆盖，一些地区降雪达到 6 英寸。伴随降雪，高气压地区在降雪之后天气晴朗，气温骤然下降。交通部和警察局警告市民驾车条件危险。在路面抛撒砂砾的工作已经开始，但是因为受到持续寒冷天气的影响，抛撒粗盐发挥的功能可能很低。而且，降雪最严重的地区发生了断电，电力公司正在抢修，但是现在的天气条件给抢修带来了困难。"

信息

周末的天气条件很差，临近很多地方已经断电。幸运的是，学校还没有受到影响。

大雪预报从晚间 10 点开始。但是，如果天气没有恶劣到影响学校，学校明早照常上课。

为了准备明天有可能的停课，今天教职员应该做什么安排

学校停课的安排应该在什么时候实际做决定

如果学校不得不停课，如何通知学生家长 / 看护人？还有哪些人需要通知到？联络信息存放在哪里，是否都准确无误

还需要采取什么行动吗

情景 2

事件发生时间

周一，早 7 点。

新闻播报（播放短片）

"由于我国持续的恶劣天气，很多交通和商业都中断了。在很多郡里，上百所学校已经决定停课。由于气温降至 0℃将管道冻裂，学校停课的时间有可能延长。管道冻裂还将引起水灾，导致学校设备和学生作业损毁。"

信息

大雪下了一整夜，学校管理员已经设法赶往学校。目前只发现冰冻天气导致水管冻裂。学校供水系统已经关闭，但是在关闭之前学校已经有一部分被淹。学校办公室和两个教室受影响特别严重。

学校看样子会关闭至少两三天。

> 修复水淹导致的损毁，需要什么物资和机构的支持
>
> 学生作业可以修复吗？需要给那些作业被毁坏的学生们提供怎样的安慰
>
> 学校如何保证教职员、学生家长/看护人、学生、地方政府和媒体得到学校进展的信息
>
> 如何记录学生和教职员的缺席
>
> 还需要采取什么行动吗

实地演练

下表摘自诺丁汉郡议会的“通过学校增强社区恢复力”网站上的学校应急管理文件。表格用于实地演练的准备、记录和总结。下载网址是 http://www.schoolemergencies.info/coping_with_a_school_emergency.php。

预案演练文件

演练概况

预案小组	
演练指挥人	
汇报负责人	
预案演练小组的成员	

演练情况描述	
演练名称	
演练代码	
演练类型	桌上模拟应急演练 实地演练

续表

演练情况描述	
演练日期	
演练时间	
演练地点	学校哪些部分受到影响 使用到其他地方了吗？例如安全避险场所、兄弟学校
演练目的	
演练的具体内容，例如预案中需要检查的某些部分	具体行动过程 角色和责任 疏散过程 避难过程 防范封闭过程 沟通过程 维持学校正常运行过程 扩展服务 其他
情景概述	突发事件的类型 时间安排 是否模拟受伤情况

实施安排	
实地勘察	应急管理小组（包括学校人员，可能还包括其他组织 / 机构）需要在实地演练之前实地勘察吗
设备 / 物资	贵重或者重要的设备为防止不必要的损毁，需要暂时搬走吗 观察者和引导员需要和演练参加者区分开吗？例如戴上袖章或者穿上高能见度马甲
媒体参与	媒体是演练的参与者，还是作为观察者做新闻报道和宣传呢
卫生和安全准备	为确保演练的安全，需要设计一份对演练的风险评估吗 参与演练的其他组织机构需要认可演练的风险评估吗 演练当天有足够的急救人员到现场吗 交通和停车都安排妥当了吗 指定真正的应急机构集合地点了吗？以防当天真的发生突发事件 应急机构或者其他组织是否需要通知？以防止把演练警报当真

续表

实施安排	
同意书	演练是否得到了所有参与者的同意 演练摄像是否征询过每一位参与者的同意
培训需要	工作人员需要额外的什么培训吗
社区	演练对当地社区有什么影响吗

时间表

时间	行动	备注 / 说明
	准备设备和物资	需要什么设备 谁负责准备设备 需要准备一些茶点吗 参加的组织需要什么设备或者场所吗 演练开始之前还需要其他哪些安排吗
	向观察者做介绍	谁负责向观察者做介绍 安排在什么地点做介绍
	向参与者做介绍	谁负责向参与者做介绍 安排在什么地点做介绍
	演练开始	演练开始的信号是什么
	情景 1	谁负责情景 1 如何发布情景？例如报纸、电话、交谈、传真
	情景 2	谁负责情景 2 如何发布情景？例如报纸、电话、交谈、传真
	情景 3	谁负责情景 3 如何发布情景？例如报纸、电话、交谈、传真
	演练结束	演练结束的信号是什么 由谁负责向所有参与者致谢
	总结汇报开始	邀请谁来做总结 谁负责总结阶段的协调工作 在什么地方做总结汇报 如何做记录
	总结汇报结束	谁负责从总结汇报中提炼出演练的整体和局部的作用和功能、建议、教训

通知

组织	演练前联络	演练当天做总结汇报	演练后联络
协调人			
参加者			
观察者			
学生			
学生家长 / 看护人			
学校教职员			
学校高层管理者			
扩展服务			
兄弟学校			
应急机构			
地方政府			
媒体			
所在社区			

参加名单：协调人员

姓名	工作职务	所在单位	演练中的职责	备注

参加名单：参与者

姓名	工作职务	所在单位	演练中的职责	备注

参加名单：观察者

姓名	工作职务	所在单位	演练中的职责	备注

突发事件 / 应急演练总结表格

总结人姓名：

单位：

日期：

职务：

您在本次突发事件 / 演练的应急响应中担任什么职务？

本次突发事件 / 演练的应急响应中什么方面表现得尤其出色？

本次突发事件 / 演练的应急响应中什么方面还需进一步加强？

______

______

根据本次突发事件的响应 / 演练，学校应急预案应该做哪些修改？

______

______

______

从本次突发事件的响应 / 演练来看，您认为您自己和其他人需要接受什么应急培训？

______

______

______

四、小学生应急教育故事书[①]

艾塞克斯郡（Essex）议会为社区恢复力建设创建了一个面向小学生应急教育的项目，叫作“通过学校增强社区恢复力”项目，希望通过对少年和儿童的教育，增强社区恢复力。这个案例将在后文有所介绍。为向当地 6—11 岁的小学生（2—5 年级）普及应急常识和意识，他们设计了网络在线电子故事书。下面摘录两则呈现的是网站上刊登的故事书文本。

① 下载自艾塞克斯郡议会和诺丁汉郡议会合作的学校恢复力项目网站。网站网址是 http://www.schoolemergencies.info/educational_resources.php。

图 5.8：电子故事书《如果……将会怎样》之"莫莉和本遭遇洪灾"的封面

图 5.9：电子故事书《如果……将会怎样》之"莫莉和本遭遇洪灾"第 2—3 页。左图，莫莉和本在家里看电视，天气预报员发出大雨和大风的警报，"大雨和大风将给本地造成洪水"。右图，莫莉说："天气可能会很严重，我们告诉你爸妈吧，然后检查你的应急便携箱。"

图 5.10：电子故事书《如果……将会怎样》之“莫莉和本遭遇洪灾”第 4—5 页。左图，莫莉和本将天气情况告诉本的妈妈，本的妈妈开始不太确定，在两个孩子的要求下，本的妈妈查看了英国环境中心网站。莫莉说：“天气播报阿姨说我们这里可能有洪水。”妈妈说：“真的吗？”本说：“真的，妈妈！上网看看洪水的网站吧。”妈妈查看了英国环境中心网站消息，“你们说得对。我们来准备一下吧。”右图，本的父母开始为洪灾做准备，莫莉和本按照应急备忘录逐条检查了他们自己的应急便携箱。本说：“手电筒需要换新的电池了。”

图 5.11：电子故事书《如果……将会怎样》之“莫莉和本遭遇洪灾”第 6—7 页。左图，莫莉看本的爸爸在前门和后门堆放防洪板和沙袋。莫莉说：“它能阻止积水流进屋里。”本的爸爸说：“我们最好待在楼上。你看到猫咪了吗？”右图，大家从楼上往外看，积水越涨越高。雨停了，积水会慢慢退下去。

图 5.12：电子故事书《如果……将会怎样》之“莫莉和本遭遇洪灾”第 8—9 页。左图，莫莉和本看见两个男孩子在积水里玩儿。从排水沟涌出来的水非常脏，不能在积水里玩儿。右图，排水沟的盖子可能被强大的水流冲开，水流的冲力很大，可能把人和物冲进排水沟。莫莉和本以及本的父母向那两个男孩子喊：“嘿，小心！”

图 5.13：电子故事书《如果……将会怎样》之“莫莉和本遭遇洪灾”第 10—11 页。左图，莫莉和本担心他家的猫，本的爸爸在积水里找到了猫，把它救回屋里。本的爸爸说：“你现在安全了，小猫咪。”右图，从故事中提炼出当遇到洪水时自我救助的日常办法。不要行走在积水中，水流可能非常急，所以水流的压力可能把排水沟的盖子冲开。确认你家是否在洪灾范围内，在国家环境中心可以找到信息，网址是 http://www.environment-agency.gov.uk。应

急便携箱对所有家庭都是好办法。准备一个塑料材质的箱，装上必备物品，例如手电、罐装食品和饮用水。把电话号码单放在箱子里，例如洪灾电话（0044—0845 988 1188）、应急服务电话和保险公司电话等。其他您认为必需的物品也可以放在箱子里。洪水非常脏，所以用手拿物品之前必须洗手。防洪板可以阻止洪水流进屋里。不要忘记你的宠物同样需要照顾！

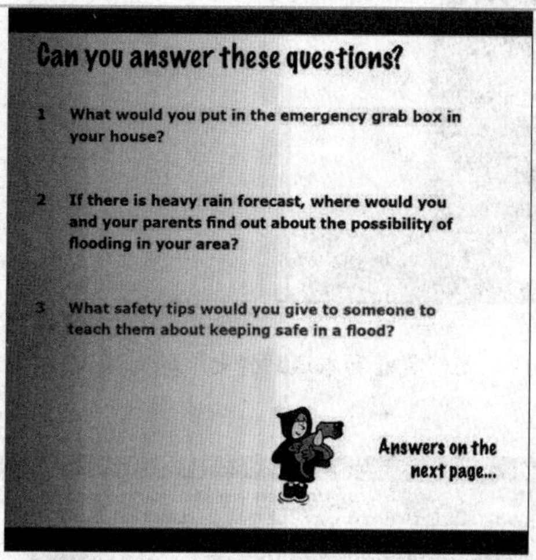

图 5.14：电子故事书《如果……将会怎样》之“莫莉和本遭遇洪灾”第 13 页。你能回答出这些问题吗？ 1. 需要在你家的应急便携箱里装什么物品？ 2. 如果预报大雨，你和你的父母能在哪里找到你家的洪灾预警？ 3. 你可以给你的朋友提什么建议，教他们遭遇洪水时注意安全？答案在封底。

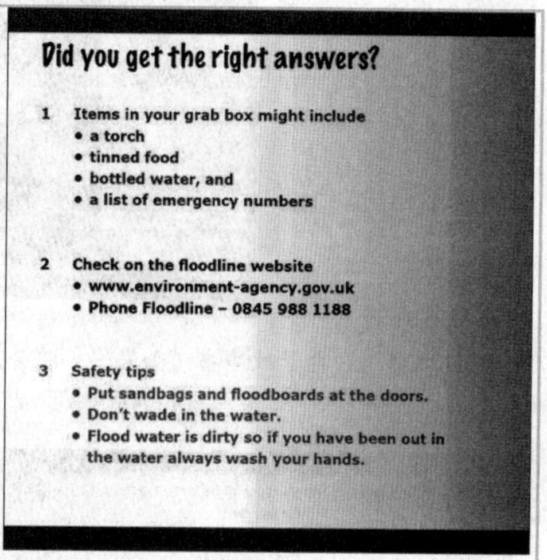

图 5.15：电子故事书《如果……将会怎样》之“莫莉和本遭遇洪灾”第 14 页，封底。你的答案正确吗？ 1. 在应急便携箱里准备手电、罐装食品、瓶装水和应急电话号码单。2. 网页 http://www.environment-agency.gov.uk 可以查看到洪灾预警，拨打 0044—0845 988 1188 洪灾专线电话。3. 安全小建议。在门口放置防洪隔板和沙袋。不要在积水中行走。洪水很脏，如果你在户外接触到积水，必须洗手。

图 5.16：电子故事书《如果……将会怎样》之“莫莉和本遇到停电”的封面

图 5.17：电子故事书《如果……将会怎样》之“莫莉和本遇到停电”第 2—3 页。左图，一个冬天的晚上，莫莉和本在屋子里玩儿，突然……右图，所有的灯都灭了！电线插座没有电，电暖气也慢慢凉下来。莫莉问：“你的手电放在哪里了？”本回答：“我不知道。”

图 5.18：电子故事书《如果……将会怎样》之“莫莉和本遇到停电”第 4—5 页。左图，本找到他的手电，但是灯光非常微弱。本说：“我找到手电了。”莫莉说：“新电池放在哪里？”本回答：“我不知道，我让妈妈拿给我。”右图，本的手电很快没电了，屋子里又变得漆黑。本大喊：“妈妈！”

图 5.19：电子故事书《如果……将会怎样》之“莫莉和本遇到停电”第 6—7 页。左图，停电导致电暖气不能供热，屋里越来越冷。这时开始下雪。莫莉说：“我很冷。”本说：“我也是。”右图，太棒了，本的妈妈来救他们了，妈妈拿来应急灯和保暖的衣服。本说：“妈妈来了，拿来了一盏灯和我们的大衣。”

图 5.20：电子故事书《如果……将会怎样》之“莫莉和本遇到停电”第 8—9 页。左图，现在他们有灯光了，而且也暖和了。莫莉的小熊也戴上了帽子。妈妈说：“希望快点儿来电。”右图，突然屋里的灯亮起来，屋里逐渐暖和。本的妈妈给莫莉和本端来两杯热水喝。莫莉说：“我不喜欢停电。”本说：“停电结束了。咱们继续玩儿吧。”

图 5.21：电子故事书《如果……将会怎样》之“莫莉和本遇到停电”第 10—11 页。左图，莫莉和本继续玩儿他们的玩具。如果你遇到停电，将会怎样？右图，如果遇到停电，给你一些建议：如果遇到停电，你知道去哪里找手电吗？手电里的电池是新的吗？或者你知道火柴盒、蜡烛在哪里吗？如果你必须用蜡烛，要注意安全，而且必须在成年人的指导下使用蜡烛。把蜡烛固定在恰当的地方。蜡烛要远离窗帘和家具。千万不要倾斜蜡烛。你要和蜡烛

保持最少 10 厘米远的距离。蜡烛在燃烧的时候不要移动它。如果在冬天遇到停电，要穿上厚衣服保暖！

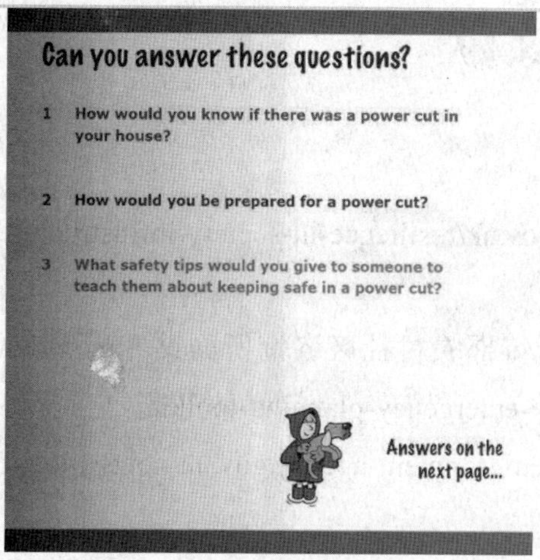

图 5.22：电子故事书《如果……将会怎样》之“莫莉和本遇到停电”第 13 页。你能回答出这些问题吗？1. 怎样能判断屋里停电？2. 需要为停电做哪些准备？3. 你可以给你的朋友提什么建议，教他们遇到停电时注意安全？答案在封底。

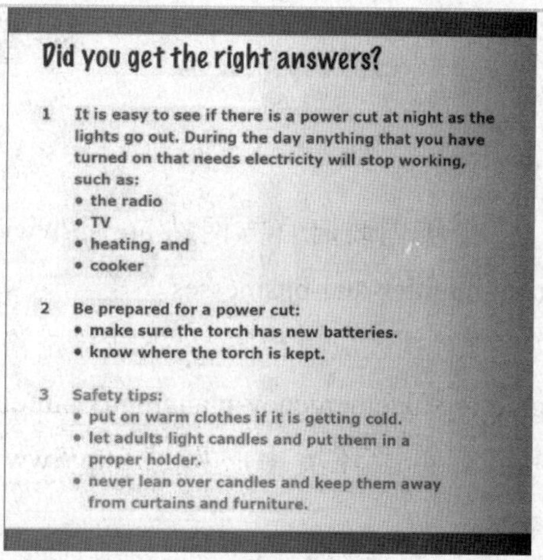

图 5.23：电子故事书《如果……将会怎样》之“莫莉和本遇到停电”第 14 页，封底。你的答案正确吗？1. 晚上的时候很容易看出停电。在白天，停电时你打开任何需要电的设备时设备都没有反应，如收音机、电视机、电暖气和电炊具等。2. 要为停电做准备：保持手电里的电池是新的，知道放手电的具体位置。3. 安全小建议。如果觉得冷，就要立刻穿上保暖的衣服。让成年人点燃蜡烛，并放在合适的地方。千万不要倾斜蜡烛，让蜡烛远离窗帘和家具。

参考文献

1. 英国政府官方网站 https://www.gov.uk/resilience-in-society-infrastructure-communities-and-businesses。

2. “社区应急预案”，下载自格洛斯特郡农村社区咨询所网站 http://www.grcc.org.uk/emergency-planning/community-emergency-planning-toolkit。

3. 英国环境中心网站 http://www.environment-agency.gov.uk/news/145515.aspx。

4. David Crichton, What can Cities Do to Increase Resilience? originally in Philosophical transactions of the royal society, 2007. in Disaster Law, edited by Daniel A. Farber and Michael G. Faure, published by Edward Elgar Publishing Limited, Cheltenham, UK, 2010, pp53-61.

5. 英国社区恢复案例研究网络图书馆网页 https://www.gov.uk/government/publications/community-resilience-case-study-library。

6. Community Emergency Plan Toolkit，下载于格洛斯特郡农村社区咨询所网站 http://www.grcc.org.uk/emergency-planning/community-emergency-planning-toolkit。

7. 艾塞克斯郡议会网站 http://www.essexhighways.org/Winter-Maintenance/Clearing-snow-and-ice-yourself.aspx。

8. 艾塞克斯郡议会和诺丁汉郡议会合作的学校恢复力项目网站。网站网址是 http://www.schoolemergencies.info/coping_with_a_school_emergency.php。

9. 诺丁汉郡 RCAN 网站 http://www.rcan.org.uk/home.php。

10. Case Study – Hovingham Snow Clearing Policy & Community Resilience Scheme，下载自英国社区恢复案例研究网络图书馆 https://www.gov.uk/government/publications/community-resilience-case-study-library。

11. 伦敦政府网站 http://www.london.gov.uk/mayor-assembly/mayor/london-resilience/risks。

后　记

这本书是我对社区自然灾害管理方面进行的初探。我在学习我国应急管理的短短时间和与应急实际工作有限的接触中，发现我国社区基层工作者亟须获得对应急管理具体工作的介绍和展开实际工作的生动案例。为此，这本书向读者们介绍英国的社区应急管理实务。书中内容几乎全部是查阅英国的资料写作而成。呈现给读者若干生动而成功的实务案例，若干应急预案模板。希望您能从中获得社区自然灾害应急的实务借鉴。资料中的电话号码未经查证。资料中的所有网址均由作者一一查证，至编写完成之日是有效的链接。如果网页不能打开，可以根据网址提供的信息找到资料。由于是初步的探索，呈现给读者的阶段成果还存在很多不足，将在以后的工作中纠正。请读者朋友们提出宝贵意见。凡引用英文资料，均注明了资料的来源，若读者朋友们在中英对照研究时发现本书有翻译不妥之处，敬请指正。

作者

2013 年 6 月